JN091620

エレクトロニクスの基礎知識

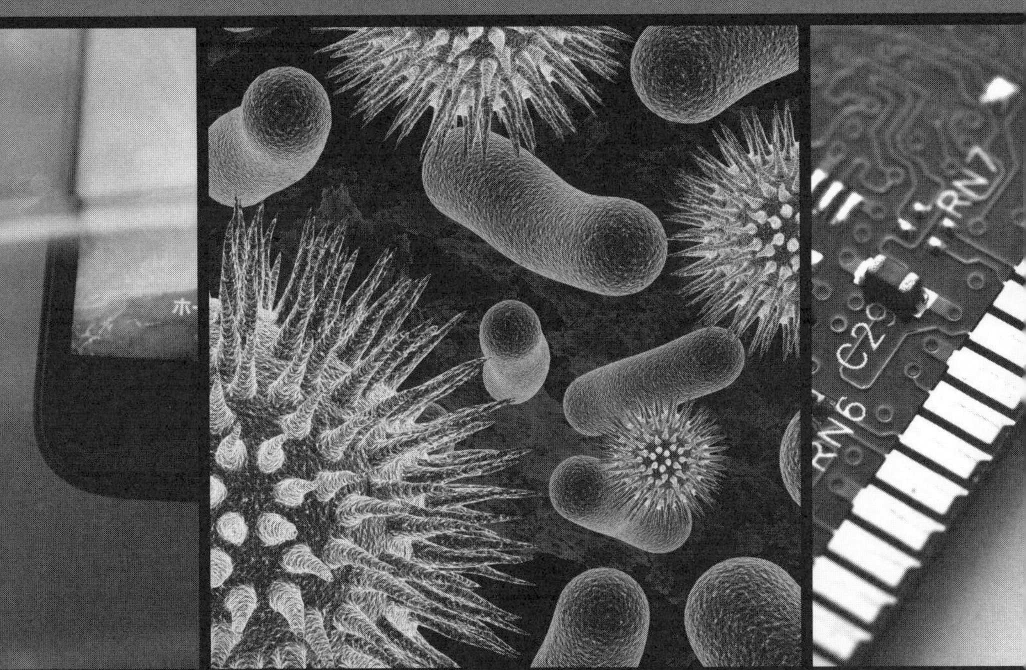

はじめに

電子機器は、当たり前のように私たちの生活に入っており、日常の中で何気なく使っています。

しかし、車が動く仕組みを知らなくても車を運転できるように、その仕組みや原理については、あまり気にすることはありません。

＊

「パソコンに水をかけるとよくない」「電子機器は熱に弱い」などのことは知っていても、なぜそうなのか、具体的な理由まではっきりと理解している人はそう多くないでしょう。

また、「耐水規格」や「耐衝撃規格」が、どのような基準で定められているかまで調べたことがある人は、どれだけいるでしょうか。

＊

電子機器はどんどん「小型化」していきますが、なぜ小型化が可能になるのか、何がネックになっていたのか、商品カタログからは分かりません。

＊

「"富岳"がスパコンランキングで1位を取った」とニュースで報じられましたが、いったい何を基準にしたランキングなのでしょうか。

＊

…このように、身近な電子機器や、ニュースで見るテクノロジーについて、なんとなくは知っていても、深く知る機会は、なかなかないと思います。

そこで、本書では上記の内容をはじめ、身近なものから研究の最前線まで、電子機器に使われているさまざまな「技術」や「規格」を解説します。

知識を得ることで、いつもの電子機器を見る目が、少し変わるかもしれません。

I/O編集部

エレクトロニクスの基礎知識

CONTENTS

第1章

電子機器を「小型化する」技術

この章では、「家電」や「スマホ」などの「電子機器」をより小さくするための技術と、その電力供給について解説します。

1-1 家電の軽量化

「軽量化」と言うと、まず自動車、そしてPC（スマホ）が考えられますが、その中間にある電気機器にも今軽量化が熱心に行なわれています。このサイズの製品の軽量化はどのように行われているのでしょうか。

■実は熱い「掃除機軽量化」

「小型化・軽量化」というと、PCやスマホ、ウェアラブルなどを思い出しますが、実は生活家電、特に掃除機の「小型化」や「軽量化」も、常に開発の努力がされています。

最近は「お掃除ロボット」も珍しいことではなくなりましたが、複雑な間取りの部屋の隅や家具の間、窓枠などは人が掃除機のノズルを持って吸わせなければなりません。

昔の記憶で恐縮ですが、掃除による体のカロリー消費は「ホウキとチリトリ」より「掃除機」のほうが効果があるというのを読んだことがあります。

機械の力で楽のように見えますが、重い機械を引きずってあちこち動き回るからだそうです。

高齢者のみなさんが自宅を掃除するとき、掃除機の重さは結構な問題です。

「人間生活工学研究センター」（HGL）の調査結果などから考えると、多くの人が「片手で持ち運べる」と感じる重さは「3kg」まで、「軽く持ち運べる」のは「2kg」までというのが目安のようです。

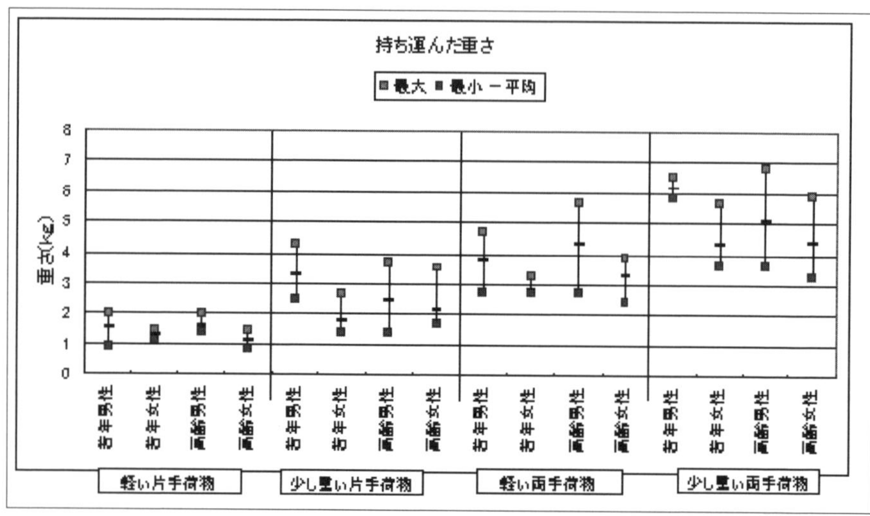

図1-1　各年齢層が持ち運んで、重さをどう感じるか(出典 https://www.hql.jp/database/)

■各メーカーが「しのぎを削る」

家電メーカーはこれまでも常に製品の軽量化の努力を続けてきましたが、高齢化社会の今、ほぼ毎日、数分から10分以上持ち運ぶ必要のある掃除機の開発にいっそうしのぎを削っています。

現在は「キャニスター型」「スティック型」に関わらず、「2kg台」や「1kg台」のものまで出ています。

■いちばんのターゲット「モーター」

掃除機の軽量化でもっとも効果があるのは、もっとも重い部分である「モーター」と言えましょう。

図1-2は三菱電機が2018年に発表した「JCモーター」ですが、いろいろなパーツからなっています。

コイルの巻密度や磁石の品質改良で磁力を高め、ローターの回転速度を上げるなどで、小型でハイパワーなモーターを実現していくことになります。

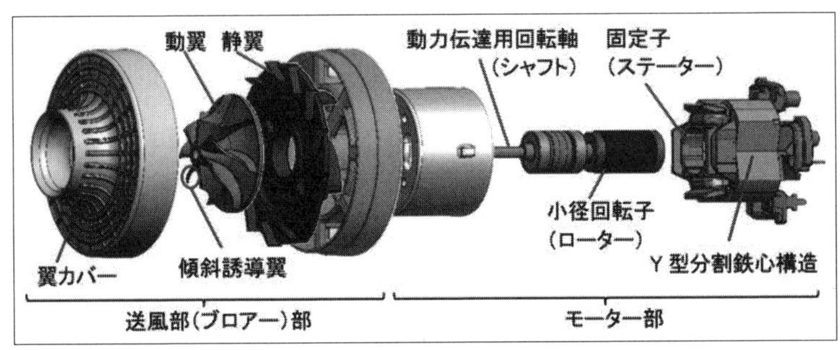

図 1-2　三菱電機の「JCモータ」の構造
(出典：同製品ニュースリリース http://www.mitsubishielectric.co.jp/news/2018/0418.html)

■「吸引」の空力も重要

掃除機のもう1つの特徴は、空気を「吸い込む」ことです。

ですから、モーターと動翼を合わせて「ブロアユニット」と呼びます。動翼の空力特性の改善も、ブロアユニット全体の小型・軽量化に貢献します。

■他にも軽量化の余地が

図 1-3 は掃除機を簡略化して描いたものですが、ブロアの他にも、本体やさまざまな部品、コードレスの場合はバッテリーなど、いろいろな部分に軽量化の可能性があります。

「本体や部品の強度や耐熱性」「異種プラスチックのシームレスな接合」「ケースの密閉性の必要」なども、1つ1つ改善の課題になります。

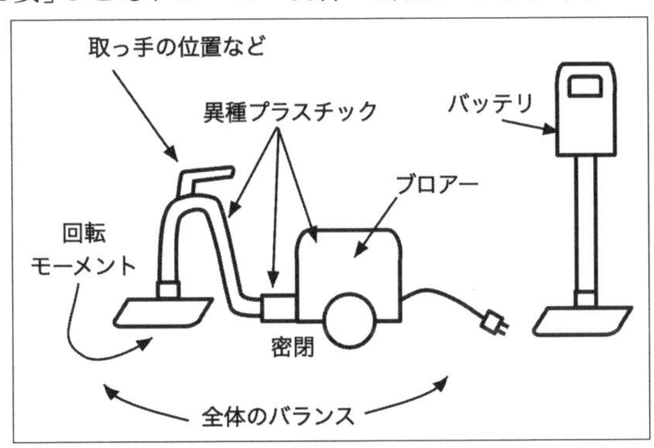

図 1-3　掃除機の「軽量化」で考えるべきいろいろなこと

■バランス、使いやすさ

掃除機のさらなる特徴は、「モーター」や「動翼」、そして「ヘッドブラシ」が動く中を、人が持って移動する、という使用法です。

各部の回転モーメントを人が力で制御しながらヘッドを押して移動するのも、使用者に加わる負荷になります。

人が使う道具は、ただひたすら重量を軽くするだけでなく、「使用時の重量バランス」「持ち手の位置」「体の動きを阻害しない形状」などで、使いやすさが大きく向上するものです。

使用者の意見を取り入れつつ、快適さの向上を目指すことになります。
この辺りが、生活家電の設計開発の面白さといえます。

1-2 「PC」「スマホ」の軽量化

■画面とバッテリは長大化

では、「PC」や「スマホ」はと言うと、「画面」と「バッテリ」の容量を小さくできないという制限があります。

そして、電子機器の場合、「電子部品の小型化」は多くの場合「よりたくさん詰め込む」のが目的で、なかなか軽量にはなりません。

使用者も「小型軽量スマホ」と言われるとむしろ「性能、バッテリは大丈夫？」と思ってしまうのがスマホ市場の特徴でもあります。

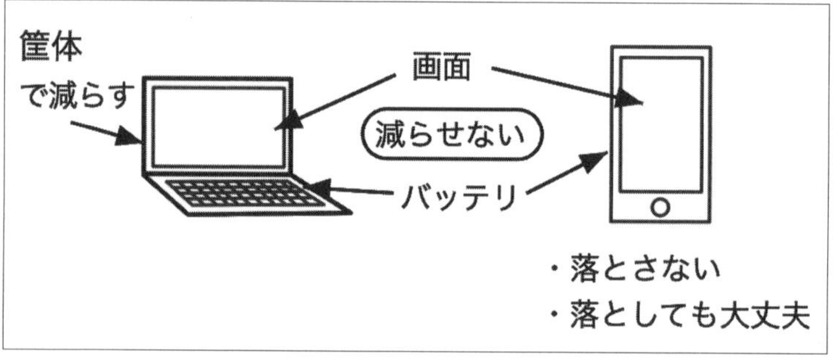

図1-4　減らせない部分ギリギリにまで来たPCやスマホ

■ノートPCは筐体で

「ノートPC」はまだ大きさがあるため、軽量化を目的とした筐体材質の改良が行なわれています。

たとえば、**「炭素繊維強化プラスチック」(CFRP)**は、航空・宇宙、自動車などの大規模な軽量化の中で開発されてきましたが、「射出成型」や「積層化」で小型製品にも使えるようになっています。

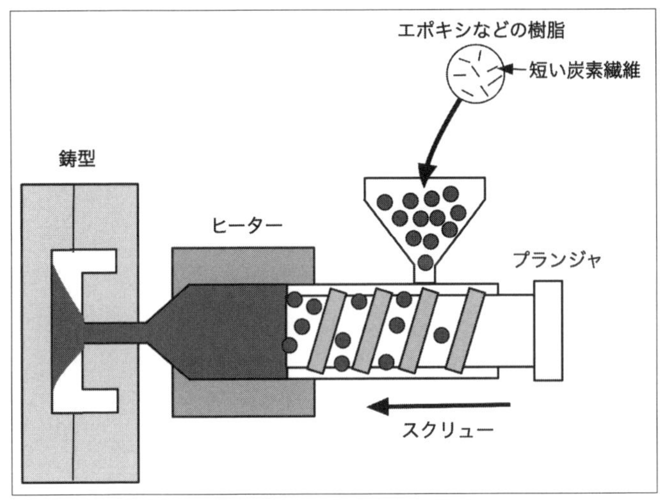

図1-5　CFRPの射出成型法

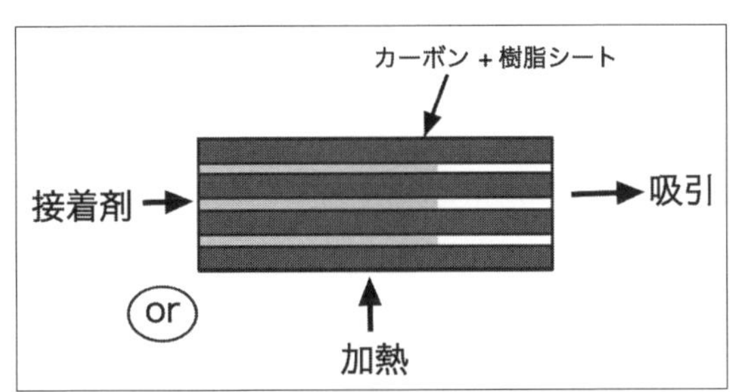

図1-6　「CFRP」の積層構造作成。
層間の空気を吸引しつつ、接着剤注入または加熱で層間を接着

■「落とさない」or「落としても」

一方で、「重さ」や「大きさ」が増している「スマホ」。

200g超の機種もあるとはいえ、「持って疲れる」ほどではなくとも、怖いのは「落ちやすい」こと。

ガラケーとは違って、「ストラップ」を通す穴のあるスマホ機種はほとんどありません。

そこで、ケースやアクセサリで「落とさない」また「落としても大丈夫」を目指します。

■軽量化のための工夫

●プラスチック

先に挙げた「CFRP」以前から、いろいろなプラスチックが電気・電子機器の軽量化に貢献してきました。

家電一般の外装には「ABS樹脂」や「ポリカーボネート」(PC)が用いられ、「コピー機」や「プリンタ」の可動部には「ポリアセタール」(POM)が用いられています。

これらの材料は「耐燃性」「熱による変質や変形への耐性」「摩耗耐性」が汎用材質より高く、**「エンジニアリングプラスチック」(エンプラ)**と呼ばれています。

金属と完全置換可能にまで性能を高めた「スーパーエンプラ」が産業機械から家電に降りてくる日も近いでしょう。

●マグネシウム合金

家電用で使われる軽量合金の代表は「マグネシウム合金」です。

中でも、耐食性の強い「AZ91」(アルミ9%、亜鉛1%との合金)がよく用いられます。

図1-3と同様の方法で射出成型されます。

●ハニカム構造

強度を保ちながら中空部分を減らす代表的な構造が、6角柱の面同士を接触させて並べる「ハニカム」(蜂の巣の意味)構造です。

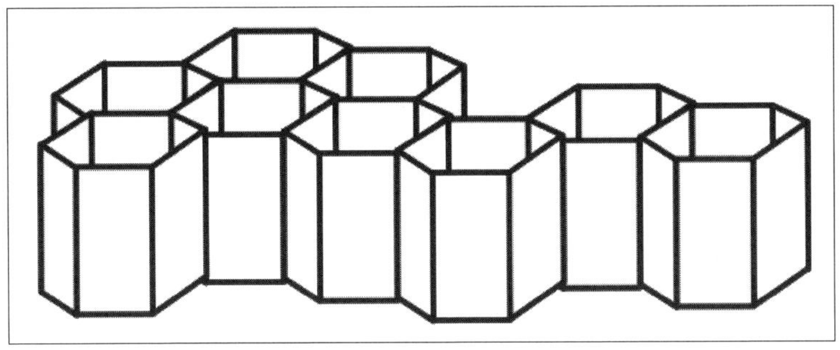

図1-7　軽量構造の代表格「ハニカム」

●薄膜

「塵も積もれば」で、薄くできるならどこでも薄くする努力がなされています。

ステンレスにも、「0.1mm」レベルのシート状製品があります。

たとえば、「メタルドーム」はホームボタンなどのスイッチで、押すと凹み、また回復しなければなりません。

こんなものも、強度を損なわずになるべく薄くなるように作られています。

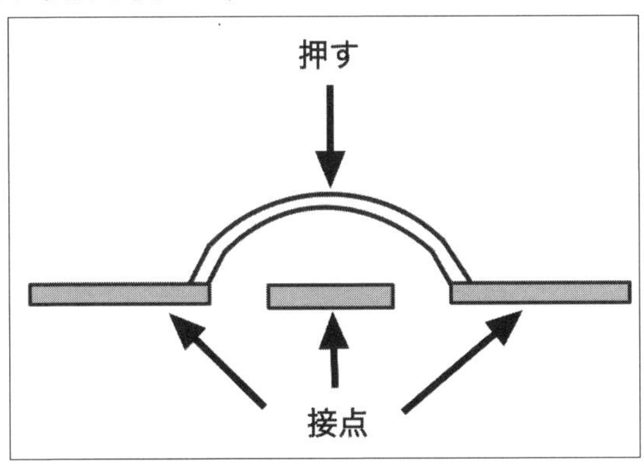

図1-8　ホームボタンなどに使われる「メタルドーム」

■異種材料は「接合部」が弱点に

軽量材料を採用する上での問題の１つが、「異種材料の接合」です。

部品の一部を軽量材料に置き換えていくと、「プラスチックと金属」「異種プラスチック」「構造の違う材料」などの接合が増えます。

この接合部で「破損」や、「動力、電力のロス」が生じる恐れがあります。

●一体成型

接合部の問題解決法の１つに「一体成型」があります。

金型に設置した金属部分に樹脂を注入して整形する「インサート成型」や、最近では「3Dプリンタ」も一体成型技術と言えます。

●両面テープが活躍

接着剤の開発ももちろん進められています。

その中で「両面テープ」が家電などで異種材料の接着に活躍しています。

「3M」の家電向け製品紹介サイトに行くと、どんなところに両面テープが用いられているか見ることができます。

図1-9　クリックして、いろいろな箇所に使われている製品を見る
(https://www.3mcompany.jp/3M/ja_JP/appliance-jp/)

1-3 超小型電子機器の電力供給

「ウェアラブル」「IoT」など、ますます小型化が求められる電子機器ですが、「電池切れ」が心配です。

電子機器産業では、どのような技術で、超小型電子機器の「電力供給」と「低電力消費化」を行なっているのでしょうか。

■超小型電子機器を止めないための戦略

結論から示すと、「ウェアラブル」や「IoT」で用いるような超小型電子機器に「電池切れ」を起こさせず、長く使えるようにするための戦略は、3つに分けることができます。

---

(1)「電池事情」を改良する
・大容量を提供する、新しい電池素材を開発する
・現行のリチウムイオン電池を、安全に装着する
・電池を配置する空間を与えるために、他の素子を高密度化する　…など。

(2)「低電力消費」を進める
・ハードウェアレベルでの電力消費を抑える
・電源整流回路の改良
・装置間の「バス」を廃する「ワンチップ」化　…など。

(3)電池ではない電力供給源を求める
・「無線給電」「エナジーハーベスト」　…など。

■微小電力ならではの利点と問題点

上記の戦略を取るにあたり、扱う回路が微小であるために浮上してくる利点を活用し、また同様に出てくる問題点を克服していくのが方針となります。

---

(1)「利点」の例

・小さな電力改善、小さな節電に成功したときの効果が大きい。

・「エナジーハーベスト」がしやすい。

(2)「問題点」の例

・電力供給のゆらぎで大きな影響を受ける、電力やサイズの大きな回路で普及している節電法が通用しないことがある。

■開発のスケール

どのくらいのスケールを対象にして、開発や改良が行なわれているのかを把握しておきましょう。

●「電池の持続時間」の例

HUAWEIのスマートウォッチ「WATCH GT」はカタログ上では「2週間持続」します。

一方で、「Apple Watch Series 6」は「18時間」です。

また、小型ウェアラブルの代表格である「Bluetoosh イヤープラグ」の例では、Microsoftの「Surface Earbuds」が、充電方法によりますが、最大24時間の音楽再生という技術仕様を出しています。

ここからどれだけ持続時間を延ばせるかです。

●「動作電流・電圧」の例

スマートフォン以下のスケールでは、電子機器の回路の動作電流は「μA」単位、電圧駆動の素子では「1V」前後が「低電圧駆動」に分類されます。

減らす目的となる「電力」は「mW」単位、「無駄な電流」は「nA」単位です。

●素子の大きさの例

チップの内容によりますが、たとえば「Bluetooth」「DCコンバータ」のように大きな機能をまとめたモジュールだと「3mm」程度、「トランジスタ」「コンデンサ」のような単一の素子ですと1mm程度が現行の標準的な大きさです。

バイオ関係では、体に埋め込んで使う1mm以下のチップなどの話題が出ることがあります。

*

以上が、「ウェアラブル製品などの小型電子機器」の大体のイメージです。

では、このような機器で具体的にどのような「電力供給戦略」が行なわれているのかを紹介しましょう。

■現行リチウムイオン電池の小型化

●ウェアラブル使用上の問題

現行のリチウムイオン電池は、充電容量が大きく、電気特性が劣化しにくく、かつ毒性が小さいなどの利点によって、電子機器の電池の主流となっています。

しかし、「発熱・発火しやすい」「内容物が漏れる」など、危険性も少なくありません。

この危険性の主な理由は、「リチウム」の化学的活性と、電荷の運搬に用いられる「有機溶媒」です。

●缶に封入したパナソニックのピン型電池

パナソニックの製品「ピン型リチウムイオン電池」は、電池の内容物を「直径3.65mm、高さ2cm」のステンレス缶に封入しています。

・パナソニックのピン型リチウムイオン電池

https://industrial.panasonic.com/jp/products/batteries/secondary-batteries/pin-li-ion

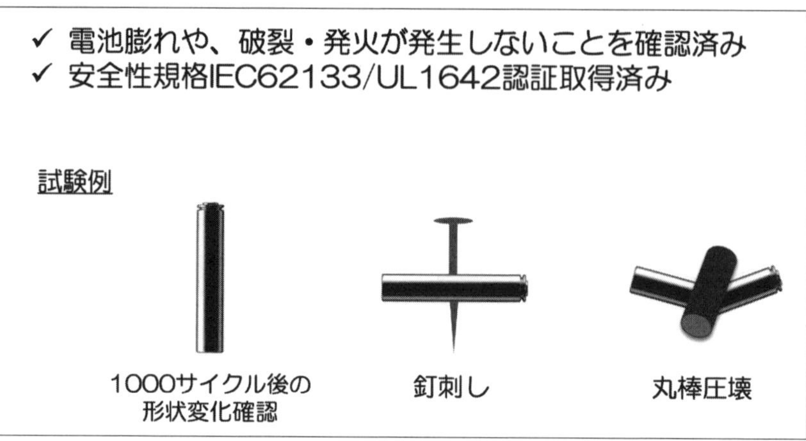

図1-10 上記のページに掲載されている、ピン型電池の安全性の説明

●「実用固体電池」を開発した村田製作所

「液体がだめなら固体」ということで、「固体電解質」と呼ばれる特別な酸化物を用いる「全固体電池」があります。

「固体電解質」は電子や正孔ではなく、「電荷をもった原子」または「空格子(くうこうし)」が固体内を移動するため、電荷の移動のスケールが半導体より大きいのです。

＊

と、言っても、それは数百度の高温下での話です。
低温での環境ではごく低くなります。

しかし、この全固体電池をウェアラブル用に開発した製品例に、村田製作所の「酸化物型全固体電池」があります。

図1-11のように、正負極を固体酸化物で挟んだ薄層を積み重ねる高度な構造で高いエネルギー密度(体積あたりの電力)を実現しています。

2019年6月の同社プレスリリース掲載の**図1-12**に示すように、ノートパソコンほどには電力消費のないウェアラブル機器向けなら、充分に供給できる電池仕様を実現しています。

・村田製作所の技術記事

https://article.murata.com/ja-jp/article/solid-state-battery-that-supports-wearables-1

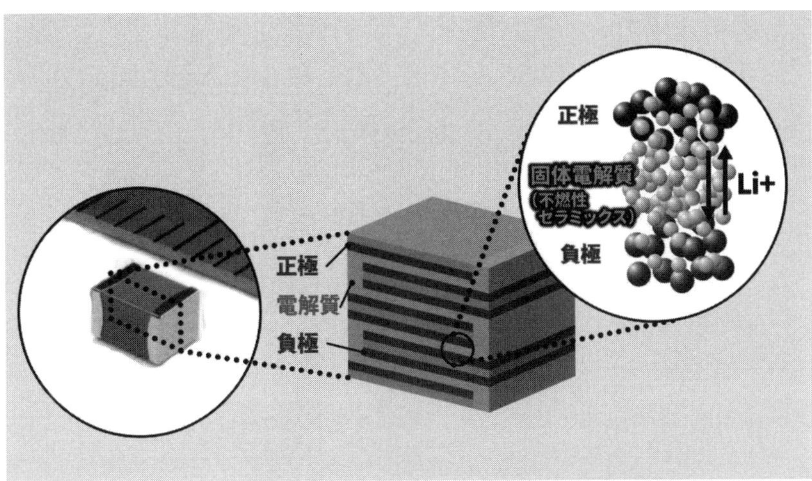

図 1-11　上記URLの記事に掲載の、全固体電池の構造模式図

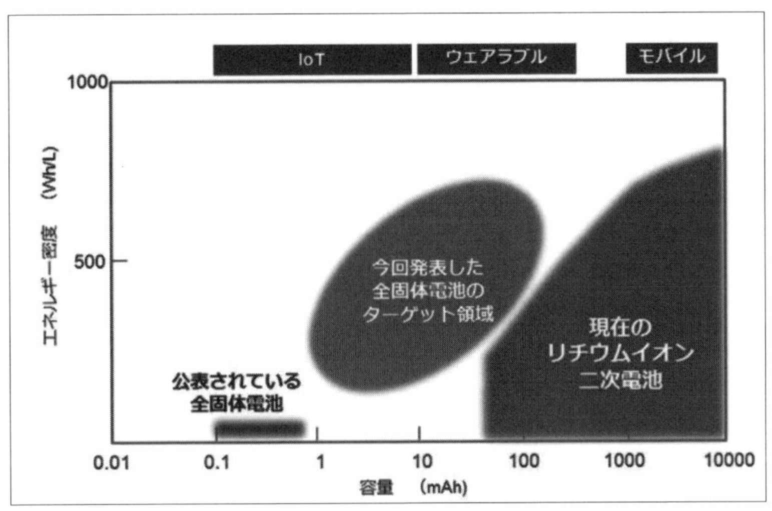

図 1-12　同社の全固体電池が対象とする使用領域
(出典は https://www.murata.com/ja-jp/products/info/batteries/solid_state/2019/0626?intcid1=mar_art_xxx_tao_xxx_tao-link)

現行の「リチウムイオン電池」と、固体酸化物を用いた「全固体電池」との導電のしくみを、**図1-13**にまとめました。

同図には「半導体」と「固体酸化物」の違いも示してあります。

このように圧倒的に不利な全固体電池で、**図1-12**のような領域での使用を実現したのは、劇的な肉迫と言うべきでしょう。

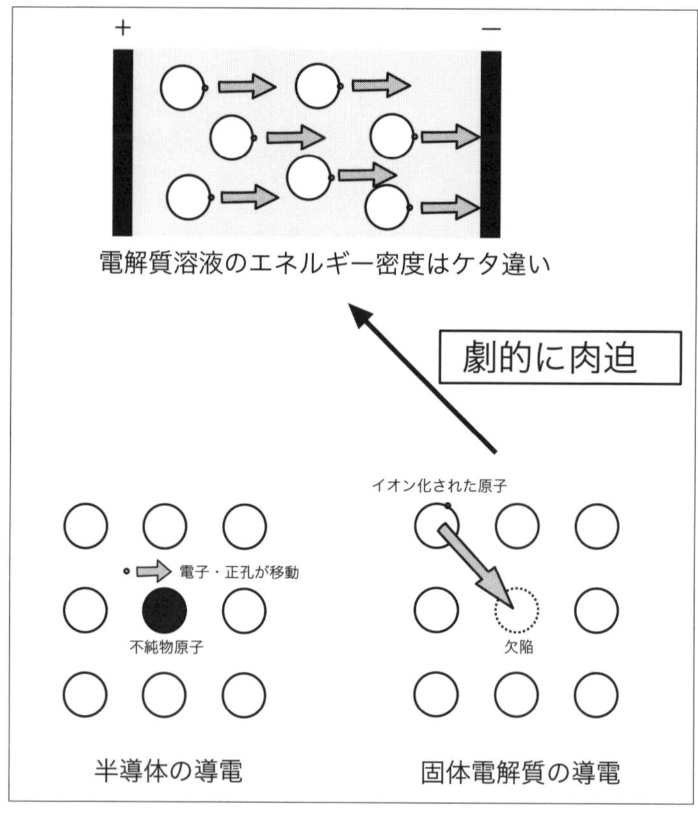

図1-13 現行リチウムイオン電池(上)と固体電解質による全固体電池(右下)の導電のしくみの違い

■低電力消費に向けて注目される「電源IC」

●電源ICとは

電子機器の電力消費を下げるには、さまざまな素子や配線での電気特性の改良が望まれています。

その中で、**「電源IC」**は大きな改良対象とされています。

実は、電池による電源はアナログで、正負の向きこそ一定ですが、発生する電流の量には波があります。これを一定の大きさに整流する回路が「電源IC」です。

●スイッチングレギュレータの問題

「電源IC」のしくみは、電圧の増減に応じてスイッチの「オン」と「オフ」を繰り返す、「スイッチングレギュレータ」です。

パソコンで使う「10-100mA」程度の電流の扱いでは、「電源IC」自体の消費電力は無視できますが、ウェアラブル機器では「1mA」以下の電流を扱うので、「電源IC」自体の電力消費が全体の電力消費に効いてきます。

モバイルやウェアラブルの電子機器では、常時一定電力を供給するわけではなく、「使用時」に、スタンバイ状態からの電圧の上昇が起こり、それが信号となってスイッチが入ります。

このとき、応答が悪いと**図1-14**のように機器の動作にまで至らない無駄な電力消費が生じます。

そこで、これを減らして応答特性を良くする努力がなされています。

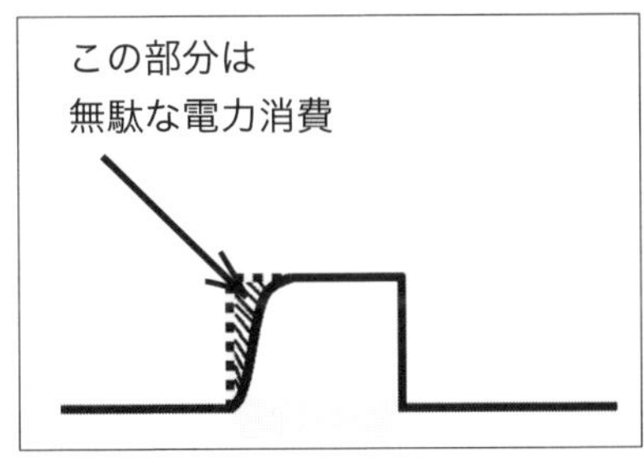

図1-14 「電圧駆動」のスイッチングレギュレータの問題

元セイコーの開発部門で今はミネベアミツミの子会社であるエイブリックは、スイッチングレギュレータの自己消費電流を260nAに抑えて電池持続時間を2.5倍にまで伸ばしたと報告しています。

・スイッチングレギュレータの節電に関するエイブリックの技術文書

https://www.ablic.com/jp/semicon/column/vol1/

■電池を主電源としない「エナジー・ハーベスティング」

●蓄電池、コンデンサなどは必要

最後に、「電池を主電源としない」電力供給について簡単に述べます。

「光」「熱」「圧力」「振動」あるいは「周囲の電磁気」など、さまざまな物理・化学現象を電子の移動に変換する素子を用います。

しかし、「環境のエネルギー」は供給が不安定で密度が低いため、これらを常時取り込んで蓄積しておく「電池」や「コンデンサ」などが必要です。

●エナジー・ハーベスティングPMIC

すでに米国の「サイプレス セミコンダクタ」が、光発電駆動のPM（パワーマネジメント）ICの製品化を実現しています。

起動電力「1.2 μW」、消費電流「250nA」で、Bluetoothセンサーの電源管理などに使用可能です。

・「サイプレス セミコンダクタ」のエナジー・ハーベスティングPMIC

https://japan.cypress.com/products/energy-harvesting-pmics

第2章 電子機器を「作る」技術

この章では、「導電体」「絶縁体」「接着」など、電子機器を作る技術を解説します。

2-1 導電体とは

■必要すぎて話題にされにくい2つの電気的性質

電子デバイスは世の話題の主流ですから、半導体はよく話題に上がります。
しかし「半」ではない「導電体」と「絶縁体」は広く暮らしに必要すぎて、むしろ話題にされにくいのではありませんか？

今更ながら両者の特徴を考えてみましょう。

■ 必要すぎる導電体

「導電体」（電導体、伝導体などいろいろ呼ばれる）とは、電気が流れる物質です。

コンピュータや電子デバイスでは「半導体」がよく話題に上がりますが、電源や通信のケーブルを考えただけでも、「導電体」はあまりにも必要すぎて、かえって話題に上がることは少ないようです。

■ 導電体の種類と用途

代表的な「導電体」とその用途は、以下の通りです。
この他にも、いろいろな金属や合金が使われています。

●銅

「電源」や「通信のケーブル」「電子基板上の配線」などに、あまりにもよく使われています。

実は、銅より「銀」のほうが電気電導率は大きいのですが、銅はなにせ「安価で」す。

●銀

「銀粉ペースト」に加工して、導電性の「接着剤」や「マーカー」が作れます。

さらにプリンタのインクとし、フィルム上に「回路」を印刷するという技術もあります。

●金・白金

「金」と「白金」はいずれも化学的に安定していますが、高価なので、もっと安価な金属の表面を被覆した導電性部品として利用します。

たとえば、「金」は電子基板上の銅の配線を被覆し、酸化から保護するのに用いられます。

「白金」には、チタンなどで作った電極を被覆した、その名も「白金電極」の用途があります。

これは水溶液電気分解の電極として、学校の化学実験室などにも普通にあります。

「金」「白金」ともに、電子顕微鏡など電子線を用いた表面測定の試料に蒸着して、試料表面の帯電防止に用います。

●アルミニウム

電気伝導率は銅の60%程度ですが、軽いので、鉄塔間を繋ぐ高圧の送電線に用いられています。

●グラファイト

電気伝導率は銅の20分の１程度ですが、高温耐性が大きいので、放電を伴うような高電圧の電極に用いられます。

●人体

人体も導電体です。感電に充分気をつけましょう。

■ なぜ電気が流れるのか

さて、「夏休み科学質問コーナー」は、もう季節外ですが、「導電体にはなぜ電気が流れるのでしょうか」？

●自由電子

答えとして、最初に思い浮かぶのは「自由電子」ですね。金属の中には原子核の正の電荷に束縛されず自由に動ける電子が多いので、かかった電圧に応じて移動し、電流を生じます。

●電子はなぜ自由？

しかし、電子はなぜ自由なのでしょうか。主な理由は2つあります。

1つは、「原子そのものの性質」です。

現代の量子化学をもち出すとややこしくなるので、初期の、想像しやすい原子モデルで考えましょう。

原子核の周りには離散的に形成されている複数の「電子殻」があり、電子がそこに決められた数だけ収まって、原子全体のエネルギーが釣り合っているという考え方です。

陽子の数が多ければ、電価を釣り合わせるために電子も多くなりますが、電子同士の反発力や、磁気、スピンなどが関係して、電子は必ずしも単純に数える通りには並びません。

＊

もう1つは、「金属が結晶を形作っていること」です。

「結晶」と言うと宝石や薬品などを連想しますが、「金属」も実は結晶です。

結晶中では原子がほぼ規則正しく並んでおり、電子は近接した原子からも相互作用を受けるので、全体として、電子が安定に存在できるエネルギーに決まった「幅」（バンド）ができます。

電圧をかけた時、電子が電圧に逆らって陽子の近くに留まるより、流れたほうが楽（エネルギーが低い）のであれば、流れます。

■ 導電性と温度

導電体では、温度が上がると導電性は落ちます。
これは、熱によって、電子自身の散乱や原子の振動が大きくなるからです。

一方で、半導体の「電子」「正孔」は半導体の微量な「不規則性」を利用しており、温度が上がるとこの不規則性が増加するため、むしろ導電性は上がります。

コンピュータの「熱暴走」の「暴走」は、ケーブルや配線に流れる電流より、半導体素子に流れる電流が暴走するイメージです。

■ 大地は電気を流すのか？

「感電防止には、大地に電気を逃してやるためのアースが必要」とはよく言います。
しかし、大地は本当に電気を流すのでしょうか？

実は、地表に電線が触ったくらいでは電気は流れません。
接地工事には規則があり、水分が保たれる地下の十分な深さに、広い接地面積をもつ金属管などを埋設します。

そうすれば大地全体の体積は膨大ですから、常に電気を逃がすことができると考えられています。

2-2 絶縁体とは

■縁の下の絶縁体

導電体のあるところには、ほぼ必ず**「絶縁体」**が必要です。

たとえば、電気のケーブルは「ゴム」や「プラスチック」の被覆がなければ触れません。

「電気が流れる？流れない？」などと、ケーブルを手にしているときは、「電気が流れない」ゴムの性質にまったく気付かないままお世話になっているのです。

電子基板の基盤に「エポキシ樹脂」や「ガラス」が用いられる理由も、絶縁性が高いからです。

■絶縁体の種類と用途

上にあげた「ゴム」「プラスチック」「ガラス」などの他に、特記すべき絶縁体の種類は、以下のようなものです。

●セラミック

あまりにも代表的な用途に、送電線が鉄塔に触れないように支持する「ガイシ」があります。

●ワニス

「ワニス」というのは、樹脂を溶剤で溶かして粘度を下げた製品総称ですが、コイルなどの複雑で細かい構造の導電体を被覆するのに広く使われています。

●油

主に「鉱油」と称される引火点・発火点の低い油で、「変圧器」などをすっぽり浸して絶縁に用います。

「冷却」の役目も兼ねており、酸化や水分の混入に注意し、適宜交換します。

●ガス

回路をガスとともに容器に密封します。

「スイッチギア」と呼ばれる、高圧を扱う装置でよく使われています。
絶縁ガスの代表は「六フッ化硫黄ガス」(SF6)ですが、温室効果が大きいので、代替方式が研究されています。

●紙

紙そのものではなく、「絶縁油」を染み込ませて導体に巻きつける方法です。
1900年代の海底ケーブルで使われた際は、本当に紙だけでしたが、今は樹脂などとの複合材料として使用されています。

■ なぜ電気を通さないのか

細かい話は抜きにすると、絶縁体のほとんどは「酸素を含む化合物」です。

半導体も同じで、絶縁体の組成や構造を無理矢理ちょっとだけ崩して微量な導電性を捻出したものです。
酸素は(そしてフッ素も)電子をガッツリ惹きつける力が強いので、自由電子を出しません。

■ 絶縁体は電気と無関係なわけでもない

●表面は帯電する

絶縁体と言いますが、電気に「縁がない」というわけではありません。
その表面では静電気を帯びます。

おまけに、絶縁体の静電気は、「接地」では逃げません。
「湿度管理」や「表面コーティング」で帯電そのものを防止するか、「イオナイザー」で強制的に除去します。

なお、人は「導電体」なので、セルフ給油所では静電気除去パッドに触ることで除電できます。

●誘電分極

絶縁体に電圧をかけると、構成原子中の電子は、原子から離れないまま、電圧をかけている陽極側に少し集まります。

構成原子がみんなこれをやるので、絶縁体全体の片側がマイナス、片側がプラスに「分極」します。
これを「誘電分極」と呼びます。

この性質に注目したとき、絶縁体は**「誘電体」**とも呼ばれます。

2-3 導電体と絶縁体の不思議な関係

■ 誘電率が高いことは良いのか悪いのか

誘電体の両面に2枚の導電体の板を密着させたのが基本的なコンデンサの構造です。

両端に直流電圧をかけると、誘電体が分極を起こして、正極側と陰極側のそれぞれの導電体上の電荷を保持します。

一方、交流電圧では、電圧　　の向きが逆転すれば放電が起こり、電流は流れますが、電流の位相が電圧より進みます。
「電流が流れても溜まる場所があるので電圧が上がりにくい」と考えると良いでしょう。

このように、コンデンサは電流や電圧の制御に使われるわけですが、誘電率が高いほど電荷の保持容量(静電容量)が大きいので、用途によって誘電体の種類を使い分けます。

■誘電損失と絶縁体

コンデンサのしくみを考えると「交流電圧で忙しく分極の向きが切り替わったら誘電体も忙しいじゃないか」と直感できるでしょう。

そのとおり、交流電圧化では**「誘電損失」**という熱エネルギー損失があります。
誘電率が大きいほど「誘電損失」も大です。

そこで、問題視されているのが「5Gの通信機器」です。

電波は交流電気信号として処理されるため、コンデンサそのものだけでなく、導線間を絶縁する基板樹脂も「誘電体」として振る舞い、熱損失が深刻になると考えられます。

その対策として、誘電率が非常に小さい「ポリイミド」という樹脂の利用があります。

耐熱性自体が高いので、フィルム状のプリント基盤によく使われています。

■ 同じ物質でも構造で導電特性が変わるもの

●ダイヤモンドとグラファイト

同じ物質でも、構造によって導電特性の違うものがあります。

たとえば、同じ炭素の単体でも、ダイヤモンドは良い絶縁体ですが、グラファイトはむしろ導電体です。

これは、グラファイトが層状構造を取っていて、その層の表面は電子が流れやすいからと考えられています。

●「モット転移」をする化合物

化合物の中には、温度や圧力を変化させると、同じ個体が導体から絶縁体へ可逆的に転移するものがあります。

研究者の名にちなんで「モット転移」と呼ばれており、「二酸化バナジウム」がその代表です。

「モット絶縁体」はマクロレベルでは蓄熱材料、マイクロレベルでは電流の「ON・OFF」、つまりバイナリ信号の制御を行なう「モットトランジスタ」として研究されています。

●ランダウの予言

水銀は、液体で高い導電性をもつ数少ない純物質です。

これも、温度と圧力によって導電体から絶縁体に「転移」することが「予言」されています。

半世紀以上前、ロシアの研究者ランダウによるものです。

「**転移**」とは緩慢な変化ではなく瞬間切り替わることで、トランジスタには必要な特性ですが、現在は放射光施設や加速器を用いた研究で転移が実証された段階です。

2-4 接着技術のいろいろ

■「接着」とは

近年の接着技術には、軽量化・微細化の両面から、ますます開発・改良が求められています。

そもそも接着とは何か、どんな箇所になんの目的で使われるのか、良くも悪くもどのような性質があるのかなどを解説します。

■接着剤を使えば「接着」

「接着とは」という定義は随所で紹介されていますが、難しい定義はやめておいて、普通は「接着剤を使った処理」を言います。

接着剤を使わずに同様の効果を得る処理は今回省略しますが、両者をまとめて「接合」と呼びます。

2-5 接着剤の種類

■ エポキシ樹脂

● 電子基板から絶縁体からおなじみ

接着剤としてあまりにもおなじみなのが「エポキシ樹脂」です。

この章の導電や**3章**の耐水についても、エポキシ樹脂が出てきました。
接着剤にも用いられます。

常温では液体で、硬化剤との混合、熱や紫外線で硬化させます。
図2-1は工作でお馴染みの2液性エポキシ系接着剤「アラルダイト」です。
製造元は米国ハンツマン社です。化学実験室などから「アラルダイトでくっつけたら」という会話が聞こえてきそうです。

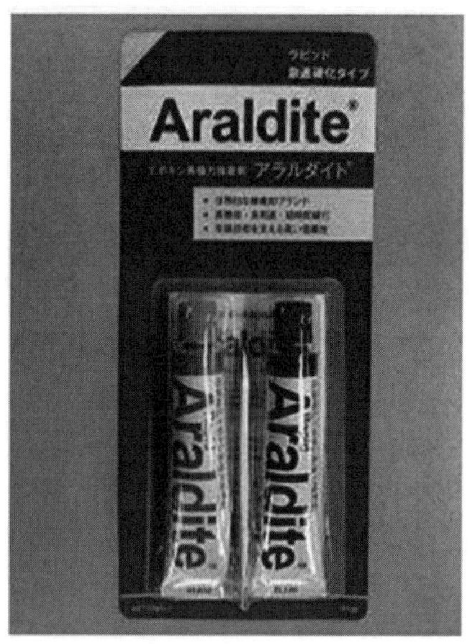

図2-1　エポキシ系接着剤の代表格「アラルダイト」
（Amazon.co.jpより）

●エポキシとは何なのか

これほど用いられている「エポキシ」という名前は、「エピローグ」や「エピソード」などの「エピ」と「オキシ」から成っています。「付加的な酸素」とでも言いましょうか。

図2のような「エポキシ基」が添加物を介して結合することにより固まります。

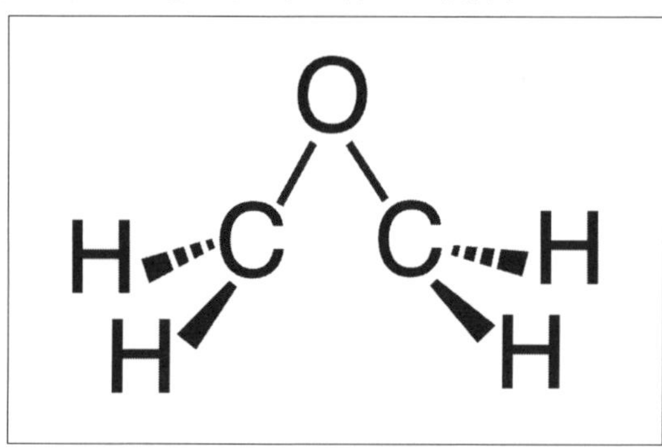

図2-2　「エポキシ基」がある樹脂がエポキシ樹脂
破線で結ばれているHは背後にある

■ アクリル樹脂

アクリル樹脂は、**図2-3**の左に示す「アクリル酸」の化合物が重合したものです。

アクリル系接着剤は、もちろん水槽などアクリル樹脂同士の結合に最適です。

また、後述する「粘着剤」にも多用されます。

■ ゴム系

天然ゴム、**図2-3**の右に示すイソプレンが重合した合成ゴムも主要な接着剤・粘着剤です。

添加物や溶剤で性質を制御します。

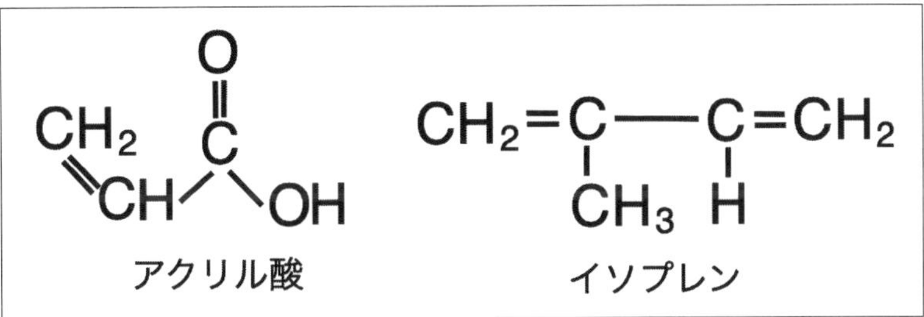

図2-3　アクリル酸とイソプレン

■ ポリウレタン

いろいろな製品に使用されている「ウレタン」という樹脂ですが、どういう組成なのでしょうか。

化学式は省略しますが、「アミノ酸」と「アルコール」の成分が加わったような炭素化合物で、多孔質です。

表面によく密着して柔軟性があり、「防水」や「封入効果」も兼ねて用いられます。

■ 常温使用のホットメルト

一方で、製品の大小に関わらず、高温下での使用が想定されていない部分には、常温で固体になり、加熱することで液化する「ホットメルト系」が使われます。

細かい場所の接着には「グルーガン」で…子供の頃、その形状に憧れたのではないでしょうか。

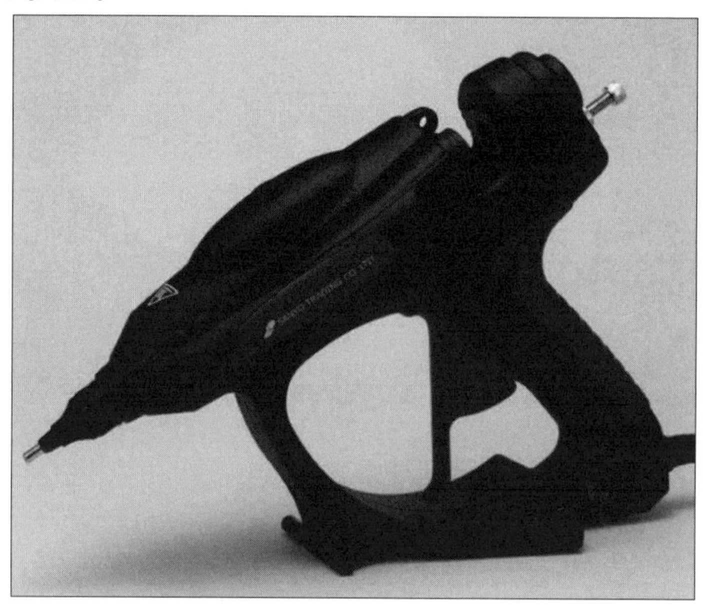

図2-4 あまりにもカッコイイ工業用グルーガン
「ホットメルト大量吐出グルーガンHK-615」、三洋ライフマテリアル株式会社製品
写真は同社ホームページより。

このようなグルーガンに装着する接着剤は、たとえば「EVA」です。
これはポリエチレンに酢酸が加わったような物質で、透明で弾性があります。

接着材の素材としては、他に「合成ゴム」「ポリウレタン」など、用途や材料によって多種あります。

■瞬間接着剤は空気中の水分で硬化する

東亜合成㈱「アロンアルファ」の主成分は、「シアノアクリレート」という物質です。

アクリル樹脂の一部に、「シアノ基」(ニトリル基とも呼ぶ)がくっついた構造です。

といっても、猛毒のシアン化物とはまったく性質が違うので、家庭でも普通に使えるわけです。

もちろん、皮膚についたら外傷の危険はあるので注意です。

「瞬間」で接着する理由は、空気中の水分と積極的に反応するためです。

工業的にも、特に「操作ボタン」や「パッキン」など、プラスチックやゴムとの金属の接続で、あまり大きな力のかからない箇所に使います。

■ 嫌気性接着(封着)剤

面白い接着剤として、「嫌気性」、つまり酸素の少ない状態でのみ固まるものがあります。

ごく簡単に説明すると、アクリル系の単量体の中に、「酸素があると重合を妨害される」性質のものがあります。

「ネジ」と「ネジ穴」の狭い隙間のように、大気に触れない空間にこれを充填すると、固まるわけです。

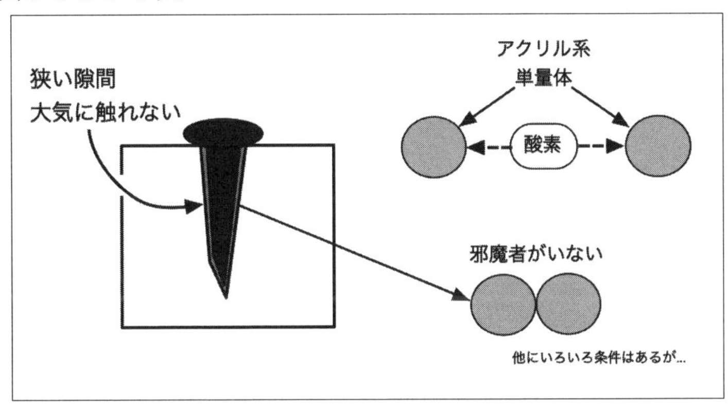

図2-5　ごく単純な「嫌気性接着剤」のしくみ

他に「重合開始剤」の添加や、金属イオンの存在など、条件はあります。

「金属イオン」ということで、「ネジの緩み防止」のような金属同士の接着が主要です。

2-6 接着剤の特記すべき用途

■ハンダに代わる導電性接着剤「銀ペースト+エポキシ樹脂」

電気・電子回路で、導線と電子部品の接着には合金であるハンダが使われていますが、溶融温度が200℃以上なので、基板や周囲の部品に熱耐性が必要です。

これに対して、「銀粒子」などの導電体をエポキシ樹脂中に練り込んだ接着剤を用いれば、その硬化温度は100℃かそれ以下なので、接着時に基板や周囲の部品が受ける熱を抑えることができます。

課題は、接着剤中で導電体の分布を一定に保ち、常に所定の導電性を維持することです。

■ネジやソケットが使えない「モバイル・ウェアラブル機器」

モバイルやウェアラブルに限ったことではありませんが、「小型化」「軽量化」の必要上、部品を基板に、また基板をケーシングに留めるのに、ネジやソケットが使えないことが多くなりました。
そこで接着剤の出番ですが、接着面積が小さいので、接着強度が必要です。

■接着面積の広い「構造用接着剤」

一方で、自動車や、大きなものではロケットなど、軽量化を目的としたプラスチック素材の導入に伴い、接着剤を使える箇所が増えてきています。

これらの構造体では、離散的なねじ止めや部分的な溶接と異なり、接着が一様で接着面積が広いため、強い接合強度が得られます。

また、溶接と接着を併用する方法もあります。

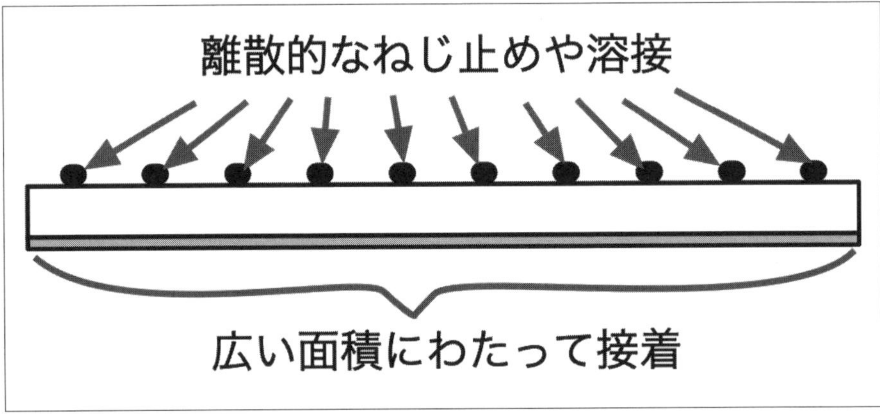

図2-6　大きな構造体では、接着面積が広いので大きな接合強度が得られる

一方、構造用接着剤では強度だけではなく、自重や運動で加わる応力を吸収する柔軟性や弾性が求められることがあります。

2-7 「剥がせる特性」も重要

■「粘着」は貼って剥がせる

接着の中で、上述した「粘着」という機能には2つの特徴があります。

①加圧するとすぐ接着する。
②あとで剥がせる。

「粘着テープ」としては、テープを剥がせば、接合した2つの材料を無傷で再分離できるのが良い製品です。
「テープ自身の再利用」については、あまり考えられていません。

■貼って剥がしてまた貼れる

これに対して、「ポスト・イット」に代表される付箋紙は、貼って剥がしてもまた貼れます。

その仕組みは、微細な球状のアクリル製樹脂です。

付箋紙を押さえると、この球が扁平になり、接着面積が増えて、くっつきます。

■ エポキシ系でも剥がれて欲しい「解体性接着剤」

接着剤で組み立てた製品のリサイクルには、接着部分を剥がす方法も備えた「解体性接着剤」の普及が必要です。

たとえばエポキシ系では、構造改良や、熱膨張マイクロカプセルの添加によって、通常の使用温度より高い温度で剥がせる接着剤が生産されています。

参考URL

東亜合成	https://www.toagosei.co.jp/
Amazon.co.jp	https://www.amazon.co.jp/
三洋ライフマテリアル	https://www.sanyo-hotmelt.com
ポスト・イット	https://www.post-it.jp/

2-8 「QRコード」にこめられた工夫

■トヨタの自動車生産方式

今やスマホカメラとの連携で毎日のように使う「QRコード」は、日本のデンソー社が開発したものですが、もともと自動車部品の生産現場の使用が目的で、効率的に読むための工夫がいろいろされています。

良質の生産管理システムで、海外の工場からも模範とされているトヨタ自動車に「かんばん」という生産方式があります。

名前の通り、細かい製品情報を記入したラベルを製品と一緒にラインに乗せ、生産工程を確実にこなしていく方式です。

トヨタ系の電装部品メーカーであるデンソーは、すでに1977年以降、この「かんばん」にバーコードを使用して情報量・読み取り効率の大幅な改善に貢献していましたが、さらに1990年代、2次元の「QRコード」を開発しました。

デンソーの開発部門は、現在デンソーウェーブという子会社として独立しています。

デンソーウェーブは「QRコードドットコム」という専用のWebサイトで、開発の歴史や規格など、いろいろな情報を公開しています。

「QRコードドットコム」サイト

https://www.qrcode.com/

■ 特許をオープンに

デンソーはQRコードで特許を取得しましたが、さらに著しい変更を加えない限りは他者の使用に対し特許権を行使しないとしました。

そこで、下請けをはじめ、他社の工場などでも使用できました。

特に現在の「スマホのカメラで読み取って情報を送受信」で一般社会にも急速に広まり、今はJISやISOの標準規格となっています。

この特許「JP2938338」は、公開が1995年。現在では期間満了で消滅していますが、「特許情報プラットフォーム(https://www.j-platpat.inpit.go.jp/)などで公開特許公報に掲載された出願内容を閲覧・ダウンロードできます。

そこから、当時の出願理由、他の技術との違い、もっとも重要な箇所が窺い知れます。

図2-7　現在デンソーウェーブが出している「QRコードドットコム」サイト

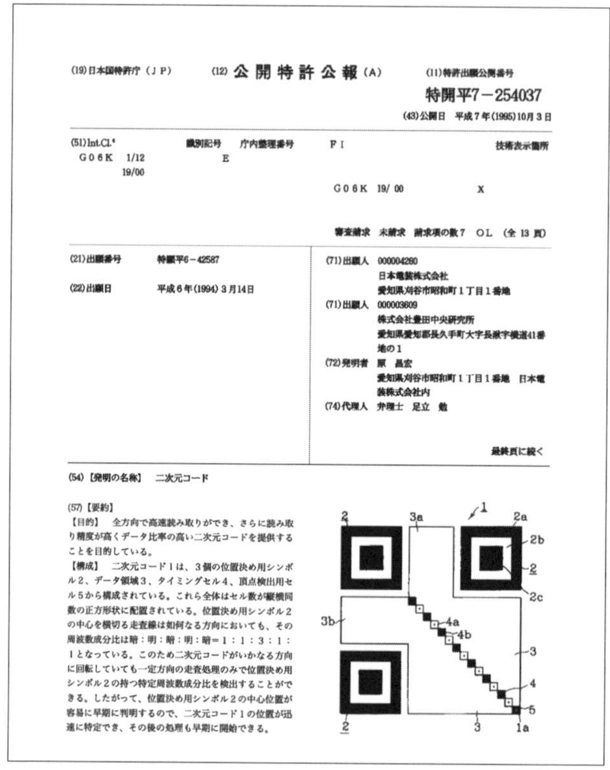

(19)日本国特許庁（JP）　(12)**公開特許公報**(A)　(11)特許出願公開番号

特開平7－254037

(43)公開日　平成7年(1995)10月3日

(51)Int.Cl.[6]　識別記号　庁内整理番号　FI　技術表示箇所
G06K　1/12　E
19/00
G06K　19/00　X

審査請求　未請求　請求項の数7　OL　（全13頁）

(21)出願番号　特願平6－42587

(22)出願日　平成6年(1994)3月14日

(71)出願人　000004260
日本電装株式会社
愛知県刈谷市昭和町1丁目1番地

(71)出願人　000003609
株式会社豊田中央研究所
愛知県愛知郡長久手町大字長湫字横道41番地の1

(72)発明者　原　昌宏
愛知県刈谷市昭和町1丁目1番地　日本電装株式会社内

(74)代理人　弁理士　足立　勉

最終頁に続く

(54)【発明の名称】　二次元コード

(57)【要約】
【目的】　全方向で高速読み取りができ、さらに読み取り精度が高くデータ比率の高い二次元コードを提供することを目的している。
【構成】　二次元コード1は、3個の位置決め用シンボル2、データ領域3、タイミングセル4、頂点検出用セル5から構成されている。これら全体はセル数が縦横同数の正方形状に配置されている。位置決め用シンボル2の中心を横切る走査線は如何なる方向においても、その周波数成分比は暗：明：暗：明：暗＝1：1：3：1：1となっている。このため二次元コードがいかなる方向に回転していても一定方向の走査処理のみで位置決め用シンボル2の持つ特定周波数成分比を検出することができる。したがって、位置決め用シンボル2の中心位置が容易に早期に判明するので、二次元コード1の位置が迅速に特定でき、その後の処理も早期に開始できる。

図2-8　1995年に公開された「二次元コード」の特許出願書

■ QRは「クイックレスポンス」

「QR」の意味は「クイックレスポンス」(迅速な応答)で、「2次元」が新しかったわけではありません。

2次元バーコードはその時代にも、すでに米国などで発案されていました。

しかし、そのままトヨタの生産方式に導入すると、「人がスキャナをバーコードに正確に当てなければならない」のが作業効率を「妨げる」とされました。

「人がスキャナとバーコードをいい加減に引き合わせても、スキャナのほうで積極的にバーコードの正確な位置をつきとめなければならない」と言うのです。

■黒白のパターンで位置決め

そこで工夫されたのが、3隅に配置した「位置決め用シンボル」（今はファインダパターンと呼ばれています）です。

読み取り機は黒と白の信号を読み取り時間に対して読み取っていくので、**図2-9**の左側の右側のような信号パターンが見られたときに、このシンボル一個を読み取ったと判断できます。

この黒白パターンは、スキャナの角度が傾いても相対的に変わりません。

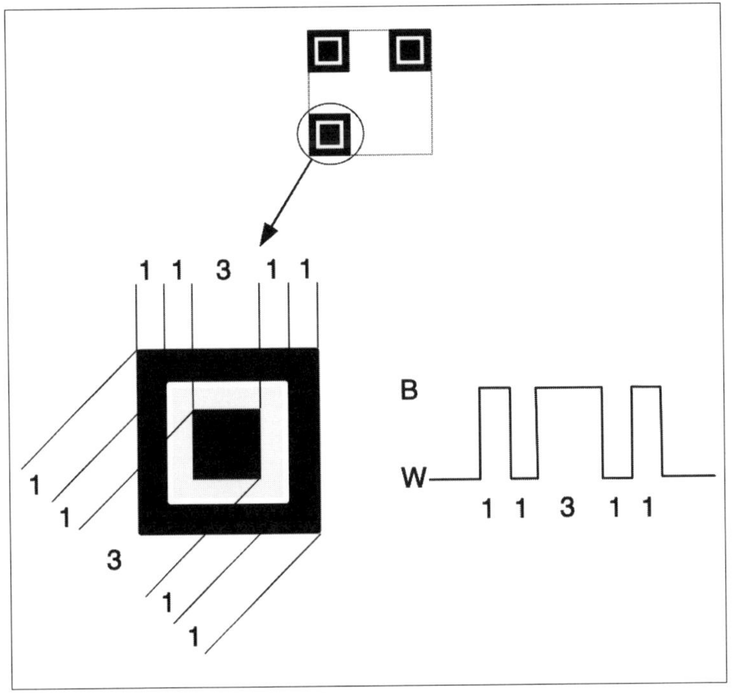

図2-9　QRコードの位置を決める「ファインダパターン」のしくみ
斜めから見てもパターンは不変

このパターンの利点は、当時米国などで使われていた二次元バーコードと比べると分かります。

たとえば**図2-10**のように、左と下の辺を黒の連続にしたパターンで位置決めをすると、スキャナは必ずこの向きでなければパターンを読み取れません。

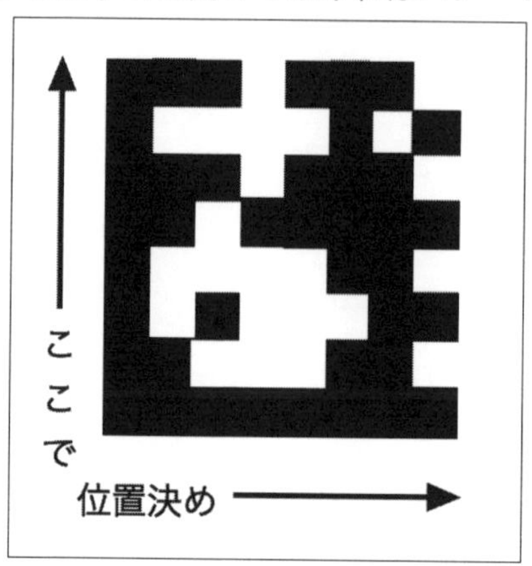

図2-10　以前のファインダパターンの例
決まった方向から読み取る必要があった

■歪みや汚れに対抗すべく、位置決めを補助するパターン

今スマホなどで用いられているQRコードは、スクリーン上にほぼまっすぐ映し出されますが、生産現場で実際に貼り付ける「かんばん」はゆがむこともあります。

そのための工夫が、対角線上で黒と白を繰り返す「タイミングパターン」です。このパターンを中心に、他のセルの位置を判別していきます。

対角線に配置する理由は、自然な成り行きでは平板の歪みは端の部分に来ることが多く、その場合対角線方向の歪みは少ない（投影すれば上下方向のずれは無視される）からです。

図2-12を見れば感覚的につかめると思いますが、右側のように対角線がずれるような歪みは、意図的に力を入れなければ、多くは生じません。

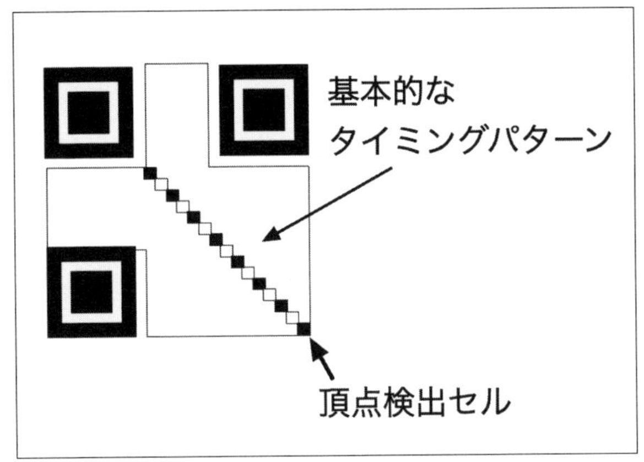

図2-11　基本的なタイミングパターン。4つめの頂点を検出もできる

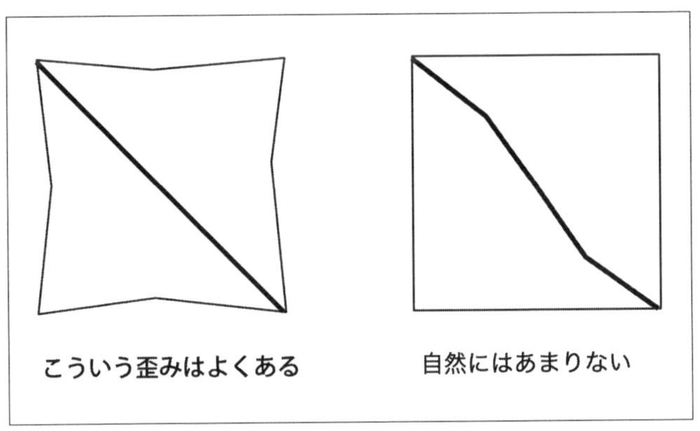

図2-12　対角線をタイミングパターンにする理由

ただし、現在Webページ上などで多く使われているQRコードはセル数も多く、上述のようにひどく歪む心配もありません。

そのため、タイミングパターンは**図2-13**のような位置に、他の多くの情報とともに記されています。

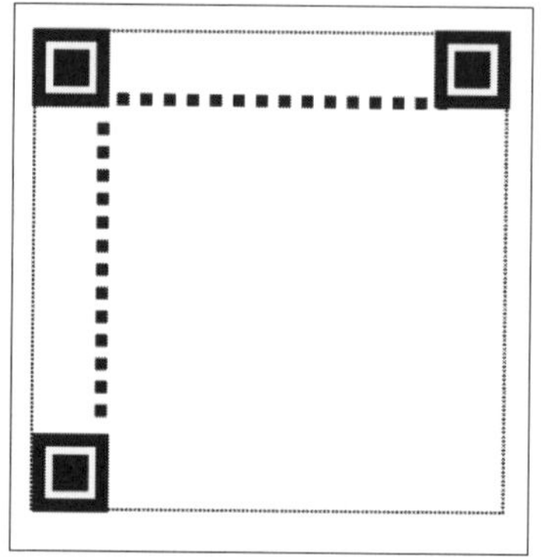

図2-13　最近のQRコードのタイミングパターン

■汚れが複数情報に及ばないように

生産現場でつく汚れは油や傷など、円形、斜めなど、ある四角形領域内に生じるのが自然です。

そこで、名前やシリアル番号などまとまった情報のビットパターンは、なるべく四角形領域内に納めて並べるようにして、一箇所の汚れが複数の情報を損壊しないようにします。

図2-14にその原理を示します。

左のように、一連のビットパターンを水平に記述して縦に積むのでは、そこに汚れが付着した場合、複数の情報が一度に損壊します。

しかし、右のように情報を四角い領域にまとめて、散らすように置けば、汚れが付着したとき特定の情報だけが欠けるため、守られた情報を元に復元することも可能です。

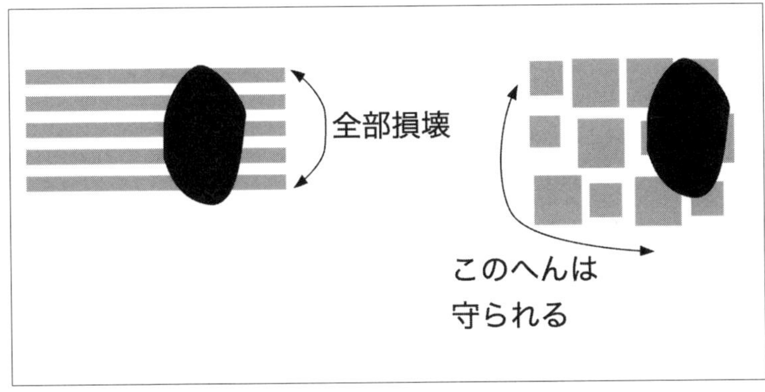

図2-14　汚れは円形に近い領域に付着するので、情報は四角形におさめて分散させる

■コンピュータならではの「誤り検出」と「訂正」

● リード・ソロモン符号

以上のように、幾何学的工夫をこらした上に、コンピュータならではの数学的処理でデータを正確に読み取れるようになっています。

そのひとつは、上記の汚れや傷で損傷した情報の検出と訂正です。「訂正」するためには、元の内容を推定できるような補助的な情報をつけて、ひとまとまりの情報として記述してきます。

QRコードで使われているのは、CDなどと同じ「リード・ソロモン符号」を応用した誤り訂正方式です。

今はCDもストリーミングに代わられてきましたが、ちょっとやそっとの指紋やひっかき傷があっても音楽が聴けたのを覚えているでしょう。

＊

仕組みをざっくりと説明しますと、以下のようになります。

「1バイト」のようなひとまとまりの信号を、さらに4つ並べてW1, W2, W3 W4とした領域を考えたとき、「W3にeだけの量のエラーがある」と分かれば誤り検出、その「e」をW3から取り除けば、誤り訂正になるわけです。

それには、以下のような関数fを考えます。

$$f(x)=f(x_n)$$

このf(x)を「T」、$f(x_2)$を「T_2」とし、f(xn)を「Tn」と表現します。

さらに,以下のような連立方程式が成り立つように、P_1とP_2を決めます。

$$S_1= W_1+W_2+W_3+W_4+P_1+P_2 =0$$
$$S_2= T_5W_1+T_4W_2+T_3W_3+ T_2W_4+ TP_1+P_2 =0$$

以上、「W_1... W_4」という内容に、「P_1」と「P_2」を「補正用の付加情報」として、QRコードに記入します。

そうすれば、読み取ったときに、

$$S_1/S_2=0$$

であれば正しく読み取られましたが、

$$S_1/S_2 = T_3$$

であれば、「W_3」にエラーがあったと分かります。

さらに、このとき「S_1=e」ですから、「e」の値が分かります。

マジックのような話ですが、最初に示したようなf(x)やその演算は、数学の分野で詳しく研究されています。

さらに、コンピュータでは方法は「0」か「1」なので、損傷していたとしてもそのどちらかから選択すれば良いわけです。

そして、f(x)を「10進数の2で割った余り」とすれば結果は「0」か「1」になり、「+」をビット演算の「排他的論理和」にすることで、P_1やP_2を決めることができます。

■「訂正機能」と「情報量」のトレードオフ

上記は簡単な例でしたが、より大きな損傷を訂正できるようにするには、P1やP2にあたる情報量がより大きくなるため、QRコード自体が大きくなったり複雑になったりします。

情報が大きくなれば逆に損傷を受ける情報も大きくなるわけですから、適当なレベルにしておきます。

■白や黒のパターンはなるべく続けない

QRコードでは、白だけ、黒だけのパターンが長く続くと、読み取り機の光学素子の反応が遅くなり、読み取りが不完全になってきます。

そのため、適当なビットパターンとの合成によってマスキング処理を行ない、パターン読み取り後に復号演算を行ないます。

このような情報もまた「マスキングパターン」としてQRコードに埋め込みます。

■QRコード作成プログラム

QRコードの作成プログラムは商用でも無償でも提供されています。

ご存知Pythonでは「qrcode」というライブラリを、パッケージ管理コマンド「pip」でインストールできます。

最も簡単には、以下のように書けば、最も標準的な形のQRコードにしてくれます。

```
import qrcode
qr = qrcode.QRCode()
qr.add_data(ここにURLなどの文字列)
qr.make()
img= qr.make_image()
img.save("myqrcode.png")
```

QRコードのいろいろな規格を知っておけば、QRCodeオブジェクトの初期化時に、パラメータを付加してカスタマイズできます。

2-9 「熱電変換」の仕組みと今

■「磁気トムソン効果」の観測に成功

「磁気トムソン効果」の直接観測に世界で初めて成功したニュースが流れました。

「磁気トムソン効果」とは、磁気により「熱電効果」が変化する現象の1つです。
磁気は計測装置や周辺環境などの影響を受けやすく、観測を困難にしていました。

ここでは、「熱電変換」の仕組みと今について、考えてみましょう。

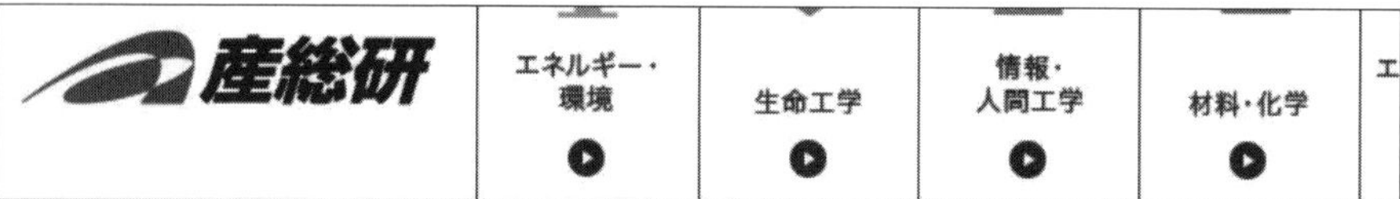

ホーム > 研究成果 > 研究成果記事一覧 > 2020年 > 「磁気トムソン効果」の直接観測に世界で初めて成功

発表・掲載日：2020/09/03

「磁気トムソン効果」の直接観測に世界で初めて成功

－熱・電気・磁気変換現象に関する新たな物性・機能開拓へ道－

図2-15　産総研とNIMS、「磁気トムソン効果」の直接観測に世界で初めて成功
（産総研プレスリリースより）

■「熱電変換」とは何か

「熱電変換」「熱電素子」と聞くと、あまりなじみが無いかもしれませんが「ペルチェ素子」と聞けば、聞いたことがある読者も多いのではないでしょうか？

「ペルチェ素子」は、LSIやセンサーなどを強制冷却し性能向上させる目的で使われる事が多いので、冷却装置と理解している場合も多いようです。

しかし、実際には、冷却装置というわけでは有りません。

「ペルチェ素子」に代表される「熱電素子」は、電力と温度差を利用し作動する素子です。その温度差を利用し、見かけ上、熱の移動や冷却に用いているのが「熱電素子」の一つ「ペルチェ素子」なのです。

図2-16　「ペルチェ素子」を使った冷却装置の例
(スマホ用クーラー「400-CLN029」、サンワサプライ)

「ペルチェ素子」で発生する「ペルチェ効果」は、異なる金属などをつなぎ電気を流すことで、それぞれの金属面に「冷面」「温面」を発生させます。

この「ペルチェ効果」の前に発見されたのが、1821年に発見された「ゼーベック効果」です。

「ゼーベック効果」は、「ペルチェ効果」の逆に当たり二種の金属を接合した際の両端に温度差がある場合、電圧が発生することを発見した物です。

この仕組みは熱電対など、温度センサーとして応用されました。

次いで「ペルチェ効果」が1834年に発見されました。

そして「トムソン効果」は、電気の流れる導体の両端に温度差がある場合、過熱または冷却が発生する現象です。

3つの原理に共通することは、原理は温かい側と冷たい側に電位差が発生することで、電子の移動が起こりますが、この際、電子が抜けた場合「冷却」逆の場合「過熱」が発生すると言うことです。

電位差による現象ですので、電位差の大きい素材や半導体などを利用することで、効果を高めることができます。

また、磁気を組み合わせることで、熱制御や単一素材での「ペルチェ効果」発生なども可能になってきています。

しかし、電子そのものの動きや地場の計測は、装置や環境の影響を受けるため簡単ではありません。
(少し違いますがアンペアの計測を思い出してみてください)

昨今は、赤外線カメラを使用し、観測する手法が多く取られていますが、「磁気トムソン効果」についても同様の手法が取られましたが「ゼーベック効果」「ペルチェ効果」と異なり、線形応答ではないため、計測にあたっては「計測手法」だけでなく、「評価手法」の確立を行う必要がありました。

今回の手法では、周期的に加える電流を制御し、周波数から温度変化の状況を同定する仕組みが採られました。

ある意味、無線通信などの考え方の応用とも言えます。
この評価手法の確立により、高効率「熱電素子」開発につながるとしています。

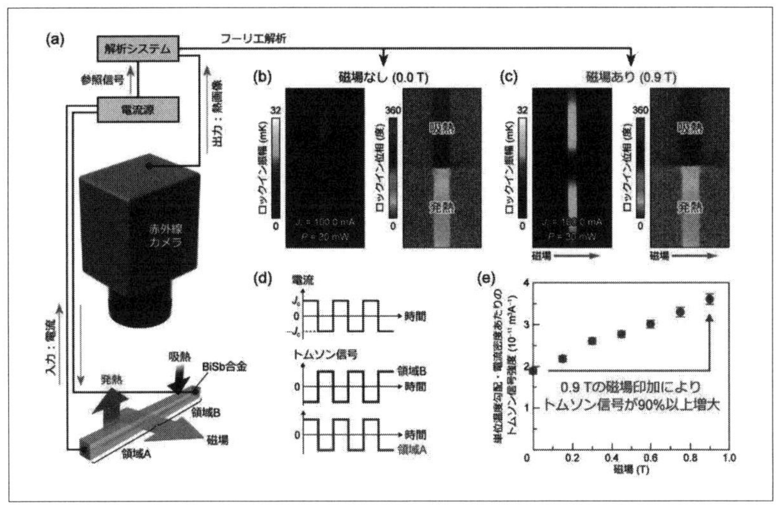

図2-17　今回採用された計測手法(ロックインサーモグラフィー法)の概念図
(産総研プレスリリースより)

繰り返しになりますが、「熱電素子」は、本来は冷却装置ではないと言うことです。

「熱電素子」の動作原理となっている「熱電変換」は、字が示す様に、熱と電子を変換すると言う意味になります。

つまり、熱を電子に変え移動させることで、発熱や冷却のような現象が発生しているわけです。

エアコンや冷蔵庫で多く利用されるヒートポンプの冷媒の代わりに電子を利用していると捉えると、仕組みとしてはわかりやすいのですが、動作原理や効率は全く異なります。

またヒートポンプ同様、放熱または吸熱させなければ、熱の移動は持続しません。

なにより、装置自体の発熱があるため、吸熱以上に放熱しなければなりません。
フロンガス全廃の動きで、温室効果ガスを使用しない、ペルチェ素子に再度、目が向けられていますが、通常のペルチェ素子はヒートポンプにくらべ、成績

係数が1/3以下でありますし、出力的にも劣るため、単純にヒートポンプとの比較や置き換えができない事が分かります

こと、加熱に関しては、電熱ヒーターの方が適する場面すら有ります。
ただし、新素材の採用で、今後も性能の向上は、見込まれています。

原理で考えれば、LSI中の回路や素子自体で「熱電変換」を起こすことは不可能ではありません。
放熱性に劣る三次元LSIや3D NANDの廃熱などに応用が可能ですし、実際にスーパーコンピュータなどでは、応用が研究されています。

この他にもセンサーのノイズ低減や発電と言った用途での性能向上も期待できます。「熱電変換」は大量の熱移動や強制冷却には適していませんが、応用次第で様々な用途や部材の削減が見込める技術と言えるでしょう。
また、惑星探査機などで利用されている原子力電池の一つでは、電気の取り出しに「熱電素子」を使用しています。

図2-18 「熱電素子」を利用する原子力電池「MMRTG」(NASAニュースリリースより)

「熱電素子」の性能が向上すれば、ソーラーパネルの利用できない場所での発電、例えば高層ビルの日陰面や海底への機器設置など、温度差を利用し発電する様な用途も実用域に入るかもしれません。

第3章

電子機器を「守る」技術

この章では、「耐衝撃」「耐水」「温度」など、電子機器の耐久性に関わる技術を解説します。

3-1 電子機器の「耐久性規格」と「保持技術」

■産業界の考える「耐久性」とは

身の回りに余りある電子機器なだけに、それらが壊れる原因も身辺なものです。

では、産業界は電子機器の耐久性をどのように定め、損傷を防止しているのでしょうか？
いくつかの例を眺めてみましょう。

■「タフな電子機器」といえば

いろいろとタフでありたい今日このごろなだけに、タフな電子機器の話には心励まされるものがあります。

その歴史的代表といえばCASIOの「G-SHOCKシリーズ」でしょう（https://g-shock.jp）。

米国では一時期その耐久性仕様が「誇大広告」ではないかと疑いを受け、結局ニュース番組の実験で実証されむしろ広く知れ渡ったというエピソードもあります。

2000～2012年頃までは、同じCASIOで「G'z One」という携帯電話も製造されました。

現在、「iPhone」が「IP67」という防塵、防水規格(後述)で話題になっていますが、G'z Oneはすでに、「IPX7」(Xは任意)相当の「防水性能」と「耐衝撃性」を誇る製品でした。

筆者も、店員さんに「カメラの性能はお世辞にも良いとは言えない」と言われながらも購入し、スマホ変更まで長年愛用しました。

雨が降ると「『ケータイ以外は』濡れないように気をつけて」出かけたものです。

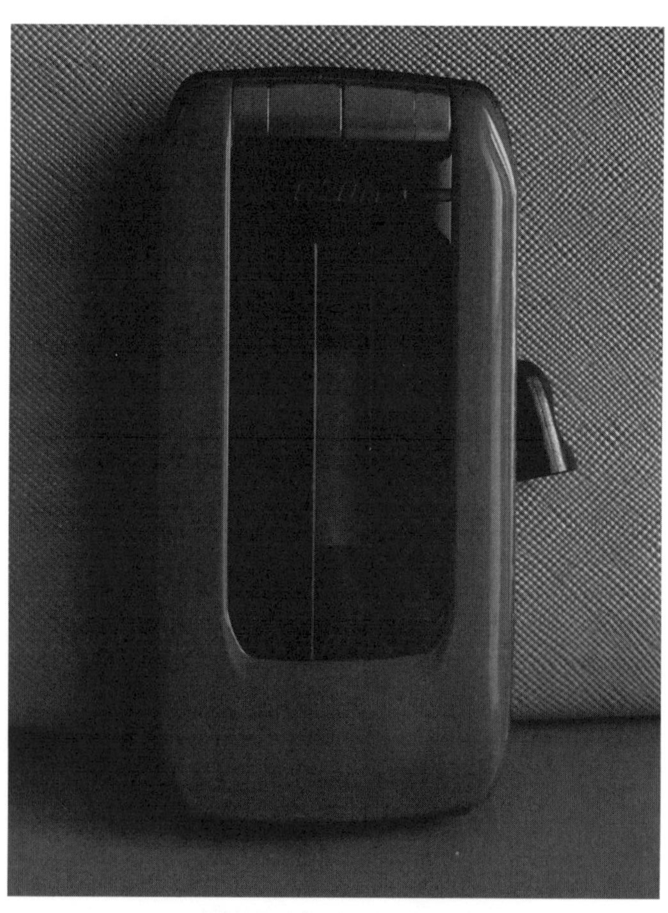

図3-1　筆者のCASIO G'z One CA002 モデル
中身の住所録等をまだ使うので持っている

●Panasonicの「頑丈シリーズ」

タフなコンピュータというとPanasonicの業務用PC「TOUGHBOOK」が1990年代後半から有名です。

現在は携帯、タブレットとともに「頑丈シリーズ」のラインナップがあります。

・Panasonicの業務用デバイス「頑丈シリーズ」
https://panasonic.biz/cns/pc/tough/index.html

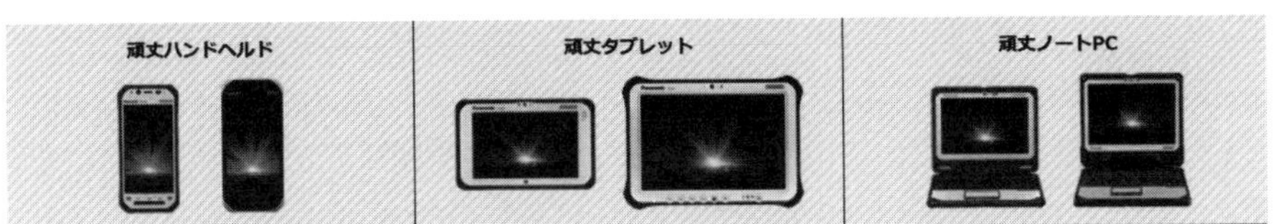

図3-2 「頑丈ハンドヘルド」「頑丈タブレット」「頑丈ノートPC」とある

「頑丈ノートPC」であるTOUGHBOOK CF-20Eシリーズは90cmからの落下に耐え、防塵・防水性能は「IP65」準拠とあります。

「IP67じゃないのか」と思うかもしれませんが、「IPX7」は「潜水」時、「IPX5」は「噴流」に対する耐久性です。

「TOUGHBOOK」の公式サイトにJIS規格に従う「防塵・防水試験」の写真が載っています。
図3-3に示すように、PCが気の毒になるような過酷な実験です。

「防塵試験」では、PC内部を減圧した上で8時間も粉塵を吹き付けます。

「防水試験」ではPCをターンテーブルで回しながら、約3mの位置から「12.5 L/min」のジェット水流を3分間もかけ続けます。

防塵試験（非動作時）

IEC60529/JIS C0920 IP6X（防塵形(防塵密封)） JIS規格の耐塵特性に関する試験の一種。

- PC内部の空気を最大2kPa減圧し、8時間粉塵を吹き付ける。

防滴試験（非動作時）

IEC60529/JIS C0920 IPX5（防噴流形）JIS規格の防水特性に関する試験の一種。

- 2.5m～3mの位置からあらゆる部位に向かって12.5L/minの水をジェット水流で3分間かけ続ける。

図3-3　TOUGHBOOKの公式サイトで紹介しているテスト風景
左が防塵、右が防水

■実は車載こそが過酷

しかし、もっとも過酷な環境での耐久性を要求されている「身の回りの電子機器」とは、「カーエレクトロニクス」ではないでしょうか。

「ナビゲーション」や「エアコン」だけではありません。
「エンジン」「ブレーキ」「パワステ」など、車の走行そのものが電子制御されています。
ハイブリッド・EVではもちろんです。

高温多湿、紫外線、酸性雨、海塩、排ガスによる腐食、振動、砂塵などに対して、いろいろな電子機器はどのような影響を受けることでしょうか。

車載向け電子部品の耐久試験には、「AEC」(Automotive Electronics Council)の国際規格が広く採用されています。

他にも、JIS, ISOなどの規格に従い、自動車メーカーや分析会社が耐久試験を行なっています。

■高耐久性RFIDタグ

最近注目されているのが「RFIDタグ」の耐久性です。

IP規格の準拠が問われる他、とりわけ「何度もお湯で洗浄する」飲食店の食器から「高温焼き付けをする」工場製品まで、それぞれ耐熱性が必要とされています。

トッパン・フォームズ社では自動車の塗装ラインなど200℃程度の高温環境で繰り返し使えるRFIDタグを生産しています。

図3-4　トッパン・フォームズ社の耐熱ICタグ
いかにもタフ。
(同社ニュースリリースhttps://www.toppan-f.co.jp/news/2015/0914.html掲載)

一方で、コンビニのお弁当などにつけるタグでは「電子レンジ耐性」が必要です。

富士通の技術(特許JP2007164528A)では、**図3-5**のようにICチップを吸熱性樹脂に埋め込み、かつアンテナ部分にローパスフィルタを挟んで、電子レンジのマイクロ波によってタグのアンテナ部分が共振・発熱するのを防ぐ構造です。

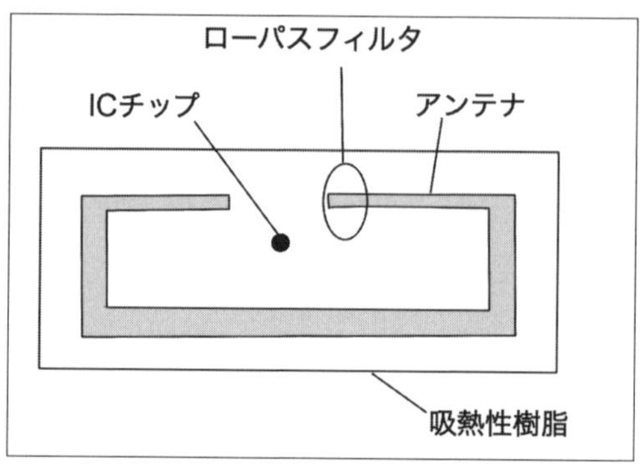

図3-5 富士通の特許JP2007164528Aに当たる「耐電子レンジRFIDタグ」の構造概略図

3-2 電子機器の「防塵」「防水」

■防塵・防水規格「IP」とは

電子機器は、「何に対する耐性」を必要とするのか。
言い換えれば、「何に弱い」のでしょうか。

すでに何度か言及した「IP」(防塵等級)(防水等級)は、「International Protection」という国際規格で、「JIS C 0920」でも「電気機械器具の外郭による保護等級」という名称で採用されています。

■なぜ防水が必要か

しかし、なぜ電子機器には防塵・防水が必要なのでしょうか。
ハッキリとした答えを心の中にお持ちでしょうか?

「純水」ではなく、溶け込んだ電解質のためではありますが、「水に触れると基板の配線がショートして異常電流が流れ、半導体素子の局所構造が熱や化学反応で壊れてしまう」という考え方で良いでしょう。

■なぜ防塵が必要か

では、「塵」はなぜいけないのでしょうか?

実は　IP規格は「電気機械」の保護ですから、モーターやチェンソーからスマホまで該当します。

そして、「防塵」にあたる対象は「外来固形物」と総称されています。

面白いことに、等級1は「人の手」、2は「指」を想定しており、むしろ「固形物」の方を保護する観点です。
等級3が「工具」、4が「ワイヤー」や「砂」程度で、機械を保護する想定になります。

そして等級5が「粉塵」になるわけですが、微細な配線の間を絶縁またはショートさせる、水蒸気を含んで機器内部を多湿にする、固体と固体との界面で化学反応を起こす、溜まって排熱を悪くしたり、という悪影響があります。

スマホやPCでよくある「IP6X」の防塵等級「6」は「塵が混入しない」なので、この規格通りなら塵の心配は「ない」ことになります。

■IPは「外郭」

IP規格を採用した「JIS上の保護規格名」をもう一度見てみましょう。

「外郭による保護」とあります。つまり、機器の内部に水が入らないようにフィルタやパッキンで外枠を固めればいいのです。

でも、いい加減ではありません。
スマホの防水性能試験と言って水につけたり流水に晒したりする方はお待ちください。

業務では**図3-6**のフクダ(株)製品のように、チャンバー式のエアリークテスト、その再検査にノズル式の水素リークテストなど、小型電子機器に対して非破壊かつ精密なテストで、IPX7-X8級の密封性を検証しています。

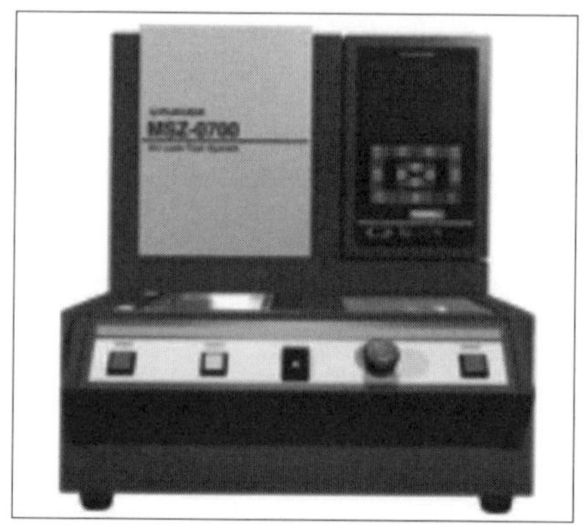

図3-6　フクダ㈱(https://www.fukuda-jp.com/)のエアリークテスト機MSZ-0700

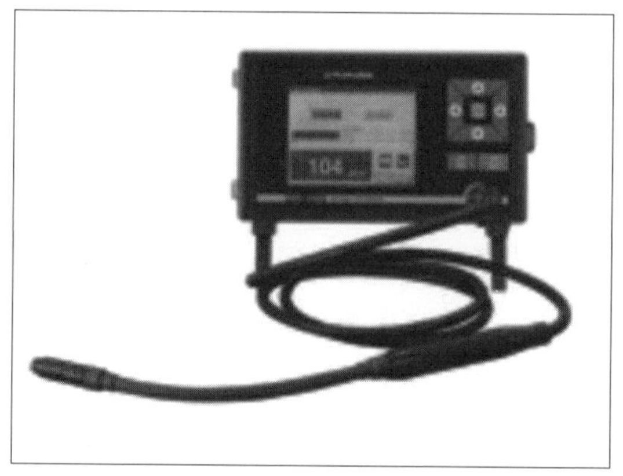

図3-7　水素リーク検出器HD-111

■基板そのものをコーティング

一方、「基板」そのものをコーティングする技術もあります。
基板の保護は、屋外機器など過酷な環境の電子機器には欠かせません。

もっとも簡単なのは「フッ素樹脂」の塗布、スプレーです。

さらに、皮膜に厚みを加えて機械的強度も上げられる「シリコン」(柔)や「エポキシ」(硬)による「樹脂コーティング」、そして水中などでの使用には基板そのものを樹脂に埋め込む「ポッティング」などの方法があります。

図3-8は、プリント基板の試作や加工などを行なう東條製作所㈱で行なっている、基板のポッティング工程と製品です。

基板をケースに入れてウレタンなどの樹脂を流し込み、恒温槽内で硬化させます。

これなら、安心感が高いですね！

また、「コーティング」や「ポッティング」には、粉塵や化学物質が回路に接触するのを防ぐ効果もあります。

図3-8　東條製作所のホームページに掲載のポッティング工程(上)と製品(下)
(https://www.tojo-ss.co.jp/potting/)

3-3 電子機器を脅かす他の要素

■静電気

「静電気」は、自作派の方なら、思い当たるのではないでしょうか。

CPUの換装やメモリの増設には、筐体の金属部分に触れて体に溜まった静電気を逃がしてからパーツやボードに触れるというのが原則のはずです。

静電気が電子機器に有害な理由は、「大電流」の水溶液とは対照的な「大電圧」で、回路素子を破壊します。
加えて、静電気による電磁ノイズで誤動作も生じます。

とりわけ、モバイルやウェアラブル系の電子機器は、人体が帯びる静電気の危機にさらされているはずです。

しかし、「静電気でスマホが壊れた」という悲劇がそれほど広く起こっていないのは、基板の回路中に静電気対策が行われているからです。

現在では半導体(酸化亜鉛など)の「可変抵抗素子」を用いて、大電圧がかかるとトンネル効果で電子をグランドに逃がすようになっています。

もちろん、工場では静電気防止・除去に常に最新の注意を払ってきています。

■電磁波

一方で、正常動作においても、電子機器である以上電磁波が発生します。
コロナ同様、電磁波も「発生させない、影響を受けない」ことが必要です。

電磁波妨害「EMI」と、電磁波感受性「EMS」をまとめて、「EMC」(Elecromagnetic compatibility)と呼びます。

「JIS」では、名称として「電磁両立性」を用い、各製品や用途について要求事項と検査法を定めています。

3-4 「水」とPCの不思議な関係

■「水」はPCにとって大敵でもあり、生産に不可欠な洗浄剤でもある

リモートワークやオンライン授業が増えてきたため、生活の場でPCを使うことが多くなったようです。

そこで高まる危険が「PCの水濡れ事故」。

対策はいろいろありますが、本記事では、そもそもPCなどを構成する電子部品と水はどういう関係にあるのでしょうか？

■ 同じレベルに置くがために

「スマホやタブレットがあれば、パソコンなんかいらない」と言われて久しい世の中ですが、「リモートワーク」や「オンライン授業」が増えたため、再びPCの購入台数が増えたと随所で報道されています。

なお、PCといえばほぼ「ノートPC」のようになっています。

「持ち運べるから」というのがその理由のようです。

■キーボードの下に心臓がある

ノートPCにはデスクトップPCと比べて1つ恐ろしい事実があります。

それは、作業の中心であるキーボードの下に、CPU以下電子部品のビッシリ詰まった基板があることです。

つまり、コーヒーなどの飲み物を取り、スマホや資料を取り、立ち上がるときに机をつかむその手の位置に、パソコンの心臓があるのです。

スマホは丸ごと水没しやすいですが、コーヒーカップからは遠い位置で使うでしょう。

しかし、うっかり手でカップをひっかけてこぼしてしまうと、ノートPCの場合は、損傷はキーボードにとどまりません。

■「こぼすこと」を考えてはいけない

「パソコンが水に濡れた場合の復旧方法」は、Webページなどにもよく書かれています。

確かに、最近のプリント基板にはフッ素樹脂などでコーティング処理が行われるのが普通で、早く救出すれば自分の手で復旧の可能性もあるでしょう。

しかし、一度濡らせばいわば古傷を抱えたまま使っていくことになります。
また、糖分塩分などを含む液体は、乾燥しても内部に残って不純物となります。

ですから、ノートPCの上に飲み物などを「こぼしたら」ということを考えてはいけないと思います。「こぼさないようにする」のが得策です。

■「こぼしても大丈夫」にするには

一方、「こぼしても大丈夫にする」という対策もあります。

「アウトドア用」「生産現場用」などのパソコンは、「雨露」や「水しぶき」などがかかっても動作に支障をきたさないように、しっかりとシールしてあります。

このような堅牢ノートは英語では「rugged PC」と呼ばれ、パナソニックの「TOUGHBOOK」や、DELLの「Latitude Rugged」シリーズが有名です。

図3-9 「Dell New Latitude5424 Rugged」ノートパソコン
(同社の該当製品ページより)

■取り外し可能なノートPC

机上の飲料容器を転倒させることだけが問題であれば、Microsoftの「Surface Book」のように取り外し可能なノートPCを選べば、本体はディスプレイとともに垂直に立っていますから、キーボードの交換だけで済みます。

■パソコンを浮かせる

ノートPCスタンドなどでパソコンを少し高く浮かせておけば、机上の容器が転倒しても、パソコンに内容物がかかる危険は著しく減ります。

お食事中だけはPCをスタンドに置くという生活習慣もあるでしょう。

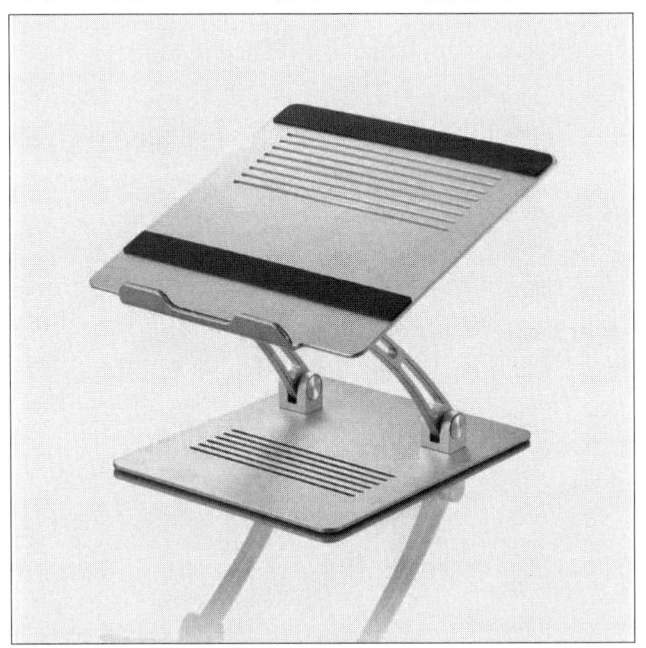

図3-10　エレコムのノートPCスタンド「PCA-LTSFAH20SV」
(同社該当製品ページより)

他にもキーボード部分の防水カバーなどの方法がありますが、対策はここまでにして、なぜPCのような電子機器には水が有害なのかについて考えてみましょう。

■なぜ水はいけないのか

●「ショート」とは何か

パソコンなどの電子部品が水に濡れてはなぜいけないのか？

すぐ思いつくのは「水で回路がショートして、部品が損傷するから」です。
しかし、まず「ショート」とはなんでしょうか。

「ショート」と「ショートカット」（短絡）の略で、電流が回路によって制御された以外の経路を通って流れることです。

電流回路は規模の大小にかかわらず、「電流が流れるべきところ以外を全部流れにくくする」という原則のみで制御しています。
そのため、「水」が基板に付着すると、電流が水を通って流れてしまいます。

●「水」は導電体なのか

実は、水という物質そのものは後述のようにかなり導電性が低いのです。
しかし、通常の環境にある水には電解質が溶け込んでいて、水道水の伝導度は通常「10mS/m以上」と計測されています。
これは比抵抗に直すと、「10^{-2} Ω・m」です。

絶縁体の抵抗は基板によく使われるエポキシ樹脂が10^{12}から10^{13}で、半導体の電気伝導度は広く、10^{-6}から10^{8}程度と言われています。
そのため、水道水が付着すると電子部品と同じようなものが付着したことになります。

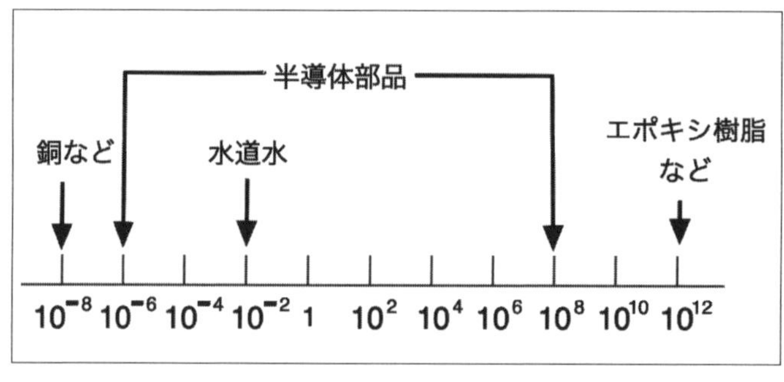

図3-11　いろいろな物質のおおよその比抵抗値（単位、Ω・m）

■「ショート」でなぜ損傷するのか

●まずは熱破壊

「ショート」すると、半導体部品に大電流が流れたり、大電圧がかかったりします。

半導体部品には**図3-11**のように抵抗があるため、発熱して、セラミックスが溶融し、積層構造などを損ないます。

●電子分布の崩壊

半導体の閾値を超える電力が加えられると、電子雪崩のような大量の電子の発生や、ゲートを突破しての電子の流れが起こります。

このような電子分布の崩壊は、電力供給が止まっても元に戻りませんから、「損傷」になります。

●金属部分の結晶成長

電子が多くなるということは「還元反応」なので、金属部分の結晶成長が促進され、部品が変形します。

■ 水が促進する化学反応

●電子の拡散

半導体に使われている「セラミックス」とは酸化物で、酸化物の化学反応には電子の放出と吸収が顕著に現われます。

酸化物が水に溶けることで電子が放出され、拡散して半導体部品の電子分布を混乱させます。

●ガスの放出による圧力

化学反応で炭酸ガスなどが発生し、内圧が高まると、密封されている部品が破裂します。

もっとも弱いのは電解コンデンサーで、「電解」という名にもある通り、電流の以上と化学反応の影響を両方受けます。

●コネクタ表面の酸化

外気にさらされているコネクタ部分が水に濡れると、表面が酸化されて電通が悪くなります。

■ 湿気による「膨張」「収縮」

「ハンダ」で接続している部品が、水を含んで「膨張」「収縮」し、機械的な力がかかってハンダが剥離することがあります。

特に防水コーティングのしにくい「コネクタ周り」が弱点です。

3-5 「基板洗浄剤」としての水

■ 基板は水洗いが不可欠

以上のように、電子製品が生活環境での水にさらされることは百害あって一利無しですが、実は製作過程では基板の「水洗い」は不可欠になっています。

製作過程でどうしても紛れ込む微粒子や薬品、油脂などの汚染物を除去するためです。

■ウェット洗浄

こうした水洗いは「ウェット洗浄」という工程の一部になっています。

酸化還元どちらにも有効な「過酸化水素」と、対象により酸やアルカリを加えますが、そうなると媒体として水は不可欠です。

基板製造の全工程の30%が洗浄工程であると言われています。

＊

押さえておきたいのは、こうした洗浄は「通電していないからできる」のであって、通電できる製品にするには、最後に徹底した乾燥過程が必要になります。

■ 半導体には「超純水」

前述のとおり、水という物質そのものははるかに比抵抗が高く、理論値は「$1.824 \times 10^{-9}\,\Omega \cdot \mathrm{m}$」とされています。

図3-11から、絶縁体と言っていいでしょう。

半導体にはこの理論値に近い「超純水」を基板洗浄に用いています。

ただし、上記のように洗浄のために電解質を使うので、「絶縁体だから超純水」なのではなく、「不純物を含んでいない」という目安です。

■「超純水」の製造法

「超純水」の前には、「純水」が製造されます。

「過酸化水素」で有機物を、「イオン交換」で電解質を除去します。

みなさんも化学実験で使ったことがあるかもしれません。

そこから「超純水」にするには、濾過が多く使われます。

「限外濾過膜」(すごい名前ですが、Ultrafiltrationの古典的な和訳です)や、「逆浸透膜」などを用いて、水分子以外の物質を機械的に取り除いていきます。

■ 最後の乾燥工程

●アルコールとともに乾燥

基板を超純水で洗浄した最後は、徹底的に乾燥させますが、その方法の一つが「IPA」(イソプロピルアルコール)の蒸気を当てて、水をアルコールで溶かし去る方法です。

最後に、アルコールは簡単に蒸発します。

●遠心力で飛ばす

比較的簡単な構造の基板では、高速で回転させて水分を飛ばすという作業も行なわれます。

乾燥工程を省略するために、水洗浄を必要としないクリーンな基板作成法の開発も進められていますが、コスト的にはまだまだ「水(超純水であっても)は安い」というのが現状です。

＊

以上、PCなどを構成する電子基板と水との、敵でも友達でもある関係でした。

梅雨の時期、飲み物だけでなく、雨にも気をつけましょう。

3-6 電子部品と「低温」

■電子機器と温度の関係

電子部品なしには考えられない現代生活で、もっとも変化する環境は「温度」と言っていいでしょう。

温度が電子部品に与える影響と、その対策を紹介します。

■要は「バッテリーと低温」

コンピュータの例ですぐに思い浮かぶとおり、高温下の電子部品では性能低下や動作異常が多発します。

これはあとでたっぷり議論するとして、では低温では？

半導体そのものは、低温下で動作特性が変化することはあまりありません。

しかし、最近、北米や北日本を突然襲うことのある寒波の下で「スマホが低温でやられた」という話をよく聞きます。

この「やられ箇所」は、ほとんどの場合「リチウムイオンバッテリー」です。

「リチウムイオンバッテリー」も、中学で習った「ボルタ電池」と基本は同じです。

つまり、電子の受け渡しをする「酸化還元反応」です。

低温では、この反応速度が小さくなり、スマホの動作に必要な電力が得られません。

カセットテープや電池でお馴染みの「maxell」ブランドもリチウムイオン２次電池の温度特性改善に取り組んでおり、**図3-12**のようにマイナス20℃でも放電できる製品を製造しています。

この図からも、「0℃」を下回ると電池電圧の低下が急激に大きくなることが分かります。

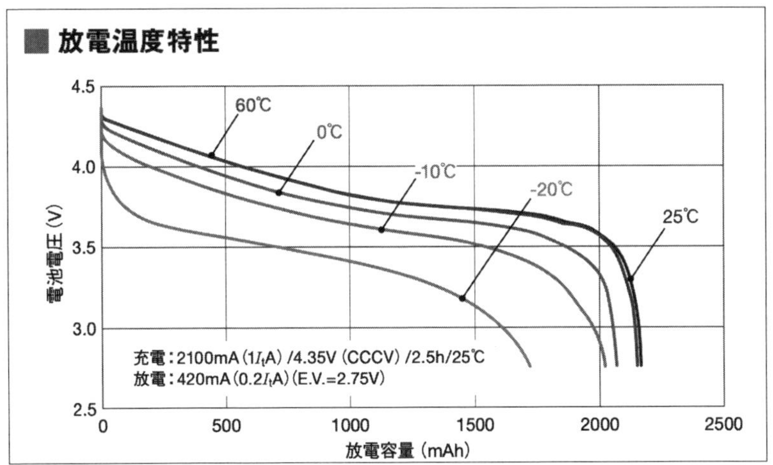

図3-12 「maxell」のリチウムイオン電池「(ICP515161HR)」の温度特性例
https://biz.maxell.comにて公開のカタログより。

■液晶、その他有機材料を利用する機能

液晶ディスプレイは、液晶分子が整列方向を変えることによって機能します。低温になると、このような物理化学反応も遅くなります。

その他、有機伝導体が使われているデバイスは、媒体である有機物が低温で結晶化などの構造変化を起こすと、機能が阻害される恐れがあります。

■低温からの温度変化

低温そのものによる影響はなくても、低温から常温への変化が急激で、かつ同様のことが繰り返されると、異種素材の接合部などに熱膨張に伴う機械的な損傷が懸念されます。

こうした衝撃は巨視的には微々たるものであっても、最近の電子部品は微細化・精密化しているため、影響を無視できない場合があります。

■「結露」など現実的な話

温度特性と直接関係しませんが、モバイル機器を低温環境から家の中など温度の高い環境へ持ってくると、結露が発生し、乾くまでは使えません。

また、「防水」「防塵」のためのパッキンにも、低温劣化の危険があります。

以上のように、モバイル機器の説明書に書いてある動作温度以下の環境に長時間放置したり、頻繁に低温環境で使用すると、当然ながら期待した動作が得られなかったり、寿命が短くなったりするのはうなずけることです。

3-7 電子部品と「高温」

■ そもそもなぜ高温が良くないのか

さて、それでは「高温」の話です。

昔(2000年代初頭)、100Wクラスの電力を食うCPUで「目玉焼きができる」など言われていたような高温の発生においては、基盤やケーブルの樹脂が焦げたりハンダが焼けたり、筐体から煙が出るなどという、目に見える破損も起こりました。

■部品レベルの破損

ICは数ミリから1センチくらいのケースに納められ、リードピンが外に出たパッケージの形で生産されます。

このパッケージがプラスチックだと、パッケージそのものが熱で破損し、全体の熱膨張と収縮によって基盤からハンダが剥がれるなどの破壊が起こります。

詳しい人なら、目で見ても「おかしい」と分かるかも知れません。

■素子の機能低下

半導体素子は、伝導率の非常に小さい素材に微量な電荷の担体を局在させて電気的極性を与えるものですが、高温になるとこれらの担体が多数生成して過多となり、素子の電気的特性が低下します。

具体的には、「PN接合素子」の間に所定の電圧を印加できなくなると、「機能低下」となります。

■アルミ電解コンデンサの寿命

電子部品で高温使用の影響がよく研究されているのは「アルミ電解コンデンサ」です。

日本ケミコン㈱資料によると、静電容量そのものは温度が高いほうが大きくなります。

しかし、温度が高いと電解液(シートに染み込ませてある)が封口部を介して外に蒸散するため、寿命が短くなります。

中身を封入しているゴムが電解質と反応して溶け出し、汚染されるため性能が劣化します。

図3-13は、同資料に掲載されているグラフで、温度と分子の化学反応や蒸散の速度を記述する「アレニウス則」と、コンデンサの温度と寿命の関係がよく合っていることを示す図です。直線表示するために、横軸が温度の逆数、縦軸が寿命の対数表示です。これが、いろいろな「10℃上がると寿命が半分になる」という目安の根拠になっています。

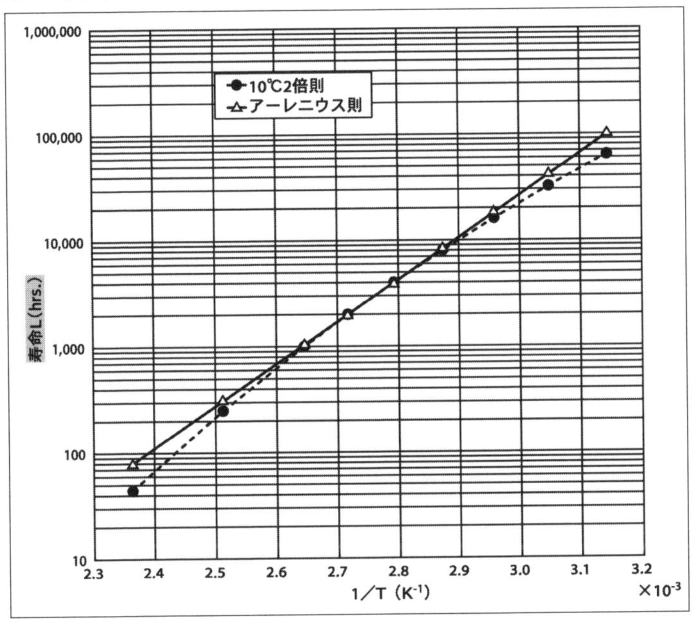

図3-13　アルミ電解コンデンサの寿命と、温度と蒸散速度の関係はよく合っている
(「日本ケミコン(株)」がhttps://www.chemi-con.co.jpにて公開のカタログより)

■ なぜ高温になるのか

そもそも、なぜ電子部品が高温になるのかというと、基本的にはどんな物質にも電気抵抗があるからです。

そのため、超電導状態でない限り、電流が流れるとかならず熱が発生します。
特に、電流の向きの正負が頻繁に切り替わる部分では多くの熱が発生します。

■発熱を増大させるリーク電流

電流が流れるべきでない箇所を流れるのが「リーク電流」です。
原因は、「回路の微細化」、薄層化によって現われる「量子効果」と、「トンネル現象」があります。

上記のCPUの「爆熱」は、この「リーク電流」によって起こりました。
CPUに関しては、のちの「マルチコア化」で、コアあたりのクロックを下げることができて発熱が抑えられましたが、「ゲーミングPC」などの高性能モデルでは、空冷では足りず、水冷式が取られているのはご存知の通りです。

また、CPU以外でも、「素子の微細化」が進めばリーク電流も深刻になり、取り組みは続けられています。

3-8 電子部品の「熱対策」

■ 半導体の熱対策のキーワード「ジャンクション温度」

半導体の熱対策で指標となるのが「ジャンクション温度」と呼ばれる、半導体のPN接合部の温度です。

ここでも「ジャンクション温度が10℃上がると素子の寿命は半分」が適用されます。

また、材料によりますが、150-200℃を超えると、素子は破壊されるとされています。

●計算で求める

ただし、接合部の温度を直接は測定できないので、環境温度や回路の消費電力などから計算で求めます。素子のデザインが異なると計算方法も変わり、許容条件を概算値として、熱対策をとることになります。

●熱抵抗値で評価

「素子の耐熱性」の評価値として「熱抵抗値」があります。部品が1Wの電力を消費したときに生じる、部品の中の素子の温度(ジャンクション温度)と周囲の温度差です。

「周囲」としては部品の外側の空気や、パッケージの上面や底面の温度についていくつか取り、メーカーのデータシートとして出されています。

これらの測定法にもまだ規格はなく、データシートに添えて報告されます。

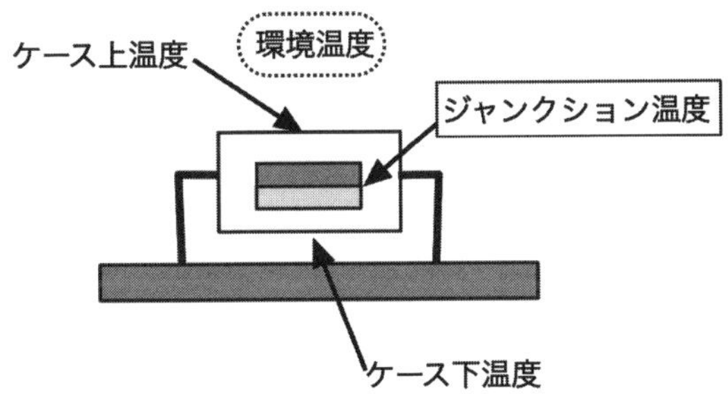

図3-14　熱抵抗データには、素子のジャンクション温度と、素子外部のいろいろな箇所の温度差を取る

■ 一般的な対策は放熱

●「3つの熱移動」をすべて使う

電子回路の熱対策は基本的に「放熱」です。

中学の理科で習ったと思いますが、熱の移動には「伝導」「対流」「輻射」の3種類があります。

図3-15のように、部品が基板に接して置かれている場合、「電導」は部品と基板の接触部、「対流」は部品の上を流れる空気、「輻射」は主に基板の大きな面積からの熱移動です。

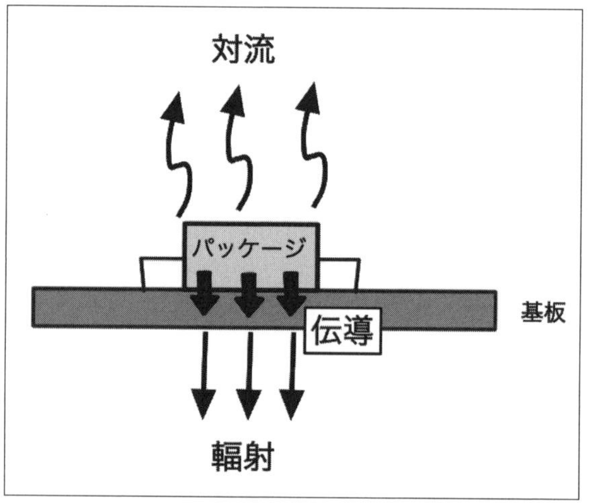

図3-15 部品が基板と接している場合、3つの熱移動現象を全部使って放熱する

■熱移動を計算しながら回路設計

部品の許容温度と熱抵抗、上記3つの熱移動の計算によるシミュレーションを行ないながら、回路設計をします。

これは「熱設計」と呼ばれ、専用ソフトウェアも出ています。

■もう一つの熱移動：潜熱

ただし、電子回路の積極的な熱対策として、もうひとつの「熱移動」が最近はよく使われています。

それは、水などの媒体の「潜熱」を利用した「ヒートパイプ」です。

図3-16に示すように、高温部で水が水蒸気となって低温部まで移動し、そこで凝縮するのを繰り返します。

「ヒートパイプ」は、地熱や地下ガスの熱運搬のための大きなシステムでも、電子部品のためにも使われています。

実際、放熱板と放熱フィンの間に効率的に熱を伝えることで、すでに多くの「CPU」や「GPU」のヒートシンクに用いられています。

スマホでは、このヒートパイプを並列させて板上にした「ベーパー(ペーパーではない)チャンバー」に利用が始まり、今その薄型化が企業間の技術競争になっています。

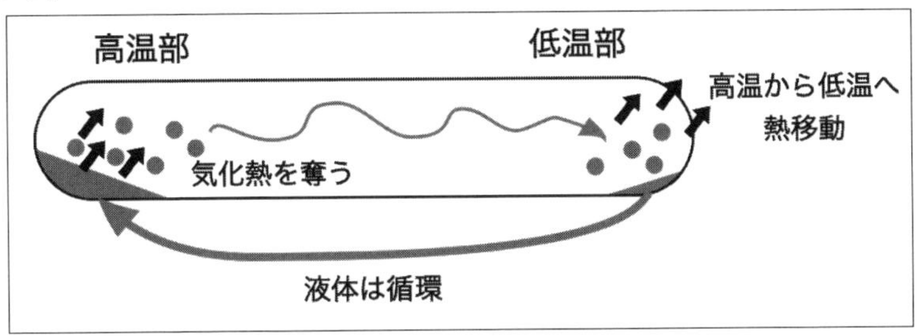

図3-16　ヒートパイプの原理。ベーパーチャンバーも同じ

3-9 「データ保存」の考え方

■データを長期に保存するには

データの長期保存は、「国家レベルの重要機密」から「個人の記録」まで、あらゆる分野で課題になっています。

しかし、データの保存にも、さまざまな手法や考え方があります。

「有線よりも無線のほうが優れている」という誤解と同様に、古い仕組みの方が、性能も信頼性も優れていることが多々あります。

ここでは、データの保存の考え方と手法について考えてみましょう。

■「データ保存」の誤解

昨今、エコロジーのために紙データの根絶が叫ばれ、「電子データこそが安全で正しい保存法」と言った、曲がった主張が増えています。

たしかに、一時しか使用しない会議資料やチラシのように、無駄な紙データの粗造・乱造や、短期間での破棄は無駄以外の何者でもありません。

しかし、ディスプレイに表示したり、データを保存するために必要なエネルギーはどこから来るのでしょうか。

長期保存すればするほど、保存や閲覧に大きなエネルギーを消費しない紙にも利が出てきます。

むしろ、「サーバの運用コスト」「故障率」や「マイグレーション」(交換・引っ越し)のコストとリスクを考えると、電子情報は「長期保存」に適していないことが見えてきます。

■データ保存の問題点

実際、単純なファイルサーバでも、「冷却」「通信」などのコストを含めると、1ヶ月で数万円の運用コストがかかります。

完璧な保存を目指すとコストが指数関数的に増大して、赤字になってしまいます。

これは、「セキュリティマネジメント」の世界でも、常につきまとうジレンマとして、資格試験に登場する問題です。

また、サーバの寿命は、最大でも10年前後ですし、安全性を考えれば、多重化の上、6年以内に更新を行なうべきです。

メディアのほうでも、製品の設計寿命としては、100年品質の「光ディスク」のほか、「HDD」や「SSD」も登場していますが、実際に運用してみれば、何割かは、使用不能になるのが普通です。

図3-17　「HDD」(アイ・オー・データ HDL2-AAシリーズ)と「SSD」(SanDisk SSD Plus)

つまり10年以内に故障する確率がある以上、電子データでの情報保存は安全ではないのです。

実際、紀元前の「石版」は今も残っていますが、「木版」や「紙」といった有機物を使った記録は、デリケートで保存性は悪化し、持って数百年がいいところです。

＊

そして、さらに近代に近づき、「フィルム」や「磁気テープ」が登場しました。
「樹脂」は紙以上に長期保存ができず、長くても数十年で補修が必要になります。

では、「HDD」や「フラッシュメモリ」はどうでしょうか。
メディアの信頼できる寿命が10年以下だと言うことは、闇雲に、データを残すのではなく「残すべきもの」と「そうでないもの」を分けないと、データの長期保存は難しいと言えます。

■情報の鮮度

情報は、「信頼性」や「信憑性」の他に「鮮度」という考え方ができます。
これは、「新しい情報が良い」という意味ではありません。

たとえば、「人の写真」であれば、歳を取るというファクターがあるので、「新しい写真」も「古い写真」も意味がありますが、変化の少ない物体の情報ではどうでしょうか？

例として、「絵画の画像複製」を作ったとします。

「アナログ情報」の時代は、「オリジナル」も「フィルム」も劣化するため、新しい複製を適宜取得する必要がありました。

「スキャン作業」や「展示」は作品の劣化を進行させるため、安易に繰り返すことはできません。
実際、美術館では、光の当たる量が、放射線被曝の管理のように厳密に管理されています。

＊

時代が進み、「デジタル」になると、データ自体は、エラーしない限り劣化しません。
アナログに比べれば、頻繁に複製を取得する必要は低下します。

しかし、ここで「デジタル情報は劣化しないのだから、オリジナルの方が劣化しても問題ない」という、誤った考え方が出てきます。

情報は「オリジナル」があってこそのものです。

もちろん、オリジナルが失われてしまった際に、情報化されていれば、最低限の情報は取得できますが、使っている「材料」「加工方法」「腐食の具合」といった、見て触れなければ分からない情報は、オリジナルが無ければ取得できません。

新しいスキャン技術が登場したとしても、オリジナルの劣化が進んだり、失われれば、情報を取得できません。ですから、オリジナルの保護はもっとも重要な課題です。

新鮮な情報	新鮮ではない情報
・古いデータ ・劣化前や失われる前のオリジナルの貴重な情報をもつ ・新しいデータ ・より詳細度の高い情報や立体情報など情報量を増やせる	・劣化後のオリジナルの情報を持たない ・情報の詳細度が低い ・劣化前のオリジナル情報がない （オリジナルから見ると情報鮮度が低い） ・オリジナルが失われた場合、情報の補完ができない

そして、オリジナルは保護をしても、劣化したり、失われることもあります。

つまり、「古い情報」にも価値がある、ということです。

実際、「分析技術」や「新しい情報」との比較で、科学分野や天文学の分野では、古い情報からの新たな発見が相次いでいます。

この観点で言うと、「情報の鮮度」を測るためには、データの保存に時間や変化と言った概念を加えていく必要があるということなのです。

科学や天文分野では、独自のファイル形式などの利用が進み始めていますが、PCでは使いにくい物が多いのが実情です。

PCでも使える汎用的かつ、分野を問わず使える、情報記録のためのファイル形式やフォーマットの登場が望まれるところなのかもしれません。

■データの保存

データセンターなどでは、多数の「HDD」や「SSD」を収納する「ディスクアレイ」という装置で大容量化を実現しています。

図3-18 ディスクアレイ(Wikipediaより)

しかし、保存目的となると、あらゆる面で高コストとなってしまうため、できるだけ「静的」なデータ保管を行なう手法が取られています。

たとえば、「ディスクチェンジャー」のような装置を使用したり、昔ながらの「ブレードサーバ」のように、案件ごとにストレージを分け、不使用時はスタンバイ状態にする手法などです。

実際、「InternetArchive」なども、閲覧の少ない情報は、スタンバイ状態から、復帰し閲覧できるようになるまで、少し時間がかかります。

では、家庭や個人事業者での保管はどうでしょうか。

本当に必要なデータと、そうではないデータは、分けるべきですが、同じストレージで管理していては、手間ばかりかかりますし、重要度の異なるデータの混在は、データクラッシュの要因にもなりがちです。

まず、重要度に合わせて、使うストレージを分けるべきです。

そして、重要なデータは、「高品質なストレージ」、そうでないデータは、「安価なストレージ」に収納すれば、コスト削減が可能です。

以下に、実際に著者が使っている例を挙げます。

■「USBメモリ」での保存

業務データの保管はSanDiskの「Extreme PRO」など、メーカーのプログレード品を使用。

交換後の古いUSBメモリは、重要度の低いデータやディスクイメージの保存用に転用しています。

図3-19　SanDisk Extreme PRO

使用頻度が高いときは半年交換、低いときは2年以内に交換しています。

データのバックアップは、USBポート付きのNASを使用するのが便利です。

USBポートに刺すと自動的にバックアップしてくれる製品があります。

※これは、個人的な感想なので、なんとも言えないのですが「USB Type-C」のポータブルストレージはあまりお勧めしません。

「Type-C」は高速で、利便性も高いのが特徴ですが、相性や通信障害などトラブルがとても多い様に感じます。

著者自身、某社の高価なプロ用製品で2回(I/Oの原稿)、自作ドライブで2回(ビデオ編集のデータ)、書き込みエラーで仕事のデータが消える体験をしています。

しかも、見た目は正常に書き込めたように見えて、つなぎ直すとデータが壊れているのです。(当然、アンプラグ処理をしています)

USBでのデータ保存は、実績のある「Type-A」接続を利用すべきだと強く感じています。

■PC用ストレージでの保存

システムドライブは、上位グレードの下位モデルを多く使用します。

SSDは、上位グレードなら、故障は少ないですが、パーティションのクラッシュは、まま発生します。

さらに採用品質を上げても、コスト増の割に、あまり効果はないので、バックアップで対応します。

データドライブは、重要度の高いドライブはWD社の「RED Plus」か「Pro」、低いデータは「Red」、粗データは「Blue」に収容しています。

図3-20　「WD Red Plus」と「WD Blue」
他社のドライブでも、同様の選び方をすれば良いと思います。

※WD社は、品質が低いとか、リカバリが再現できないと言った負のイメージをもつ人がいます。

こと、品質に関しては、入手経路による影響がとても大きいと言えます。

ついで、適度な冷却です。

私自身は国内パッケージ品で、大きなトラブルには遭っていませんが、セール品やバルク品は、何度もクラッシュしていますし「品質が低い」と言う人は、冷却や交換を適切に行なっていない場合が多い様に思います。

とくに、並行輸入のバルク品は「HDD」に限らず、重度の衝撃を受けたり、港湾の劣悪環境で放置されたりしますから、品質の劣化は大きいと言えます。

それと、品質の高い電源供給も重要です。

■NAS(Network Attached Strage)

著者の場合、高速にデータを出し入れする必要があるため、「ディスクイメージ」や「録画データ」は「NAS」に保管して、それ以外は、すべて「WS」内のドライブを複数台搭載したローカルドライブを利用していました。

内訳としては、「システムドライブ」「アプリケーションドライブ」「重要データドライブ」「通常データドライブ」「スワップ&作業用ドライブ」そして「USBのバックアップドライブ」です。

しかし、「Windows」のセキュリティ設定の強化などで、ストレージ管理がやりにくくなり、OSクラッシュ時の単純復旧が困難になってきています。
(高負荷時やWindowsの更新時のクラッシュが増えていることも大きな問題です)

ここに来て、NASも高速化してきており、ローカルドライブ並みの速度が出るようになってきています。
これは大容量キャッシュの影響なので、条件によってはローカルドライブより快適な場合もあります。
そのため、NASへの切り替えを進めています。

＊

NASを選ぶ際の基本はストレージ選びと似ています。
やはり、安価な製品はトラブルの原因なので、あまりお勧めできません。

特に「2ドライブ」以下のNASキットは、低品質な物が多く、機種切り替え時もスロット不足になるのでお勧めしません。
2ドライブクラスであれば、国産のバッファロー製品を選んだ方が無難です。

なお、内蔵する「HDD」や「SSD」は、業務スペックでRAID化していれば、5年程度は問題ないですが、それ以上は、交換の準備をすべきです。
故障の問題もありますが、データ引っ越し時に規格の違いなので吸い出しが困難になる場合があるからです。

一気に交換を行なうことは予算的にも難しいと思うので、2セット用意し、交互に入れ替えていくと良いかもしれません。

●はじめてNASを買う人、運用に手間をかけたくない人

バッファロー製品も、上位機種は「2.5GbpsLAN」が採用され始めています。

データサルベージサービス付きの製品もあるので、NAS初心者や手をかけたくない人には良いと思います。

ただ、市販のNASはスペックがギリギリな事が多く、複数の機能をオンにすると、遅くなったり、ハングアップしたりする傾向があります。

無理をさせず、単機能で使うことがポイントです。

図3-21 バッファロー LS720DN0602B リンクステーション

●簡単にNASキットを使用したい。ハードウエアの信頼性を重視したい場合。

Synology社の6スロット以上の製品がお勧めです。

Synology社の場合、5スロットと6スロットの間で、製品の仕様が変わることが多く、6スロット以上から高負荷環境を意識した作りになってきます。

また機種の後ろに「+」などの記号や略号が付く製品の方が、高性能・高品質です。

「DiskStation DS1621+」など)6スロットの場合、1スロットをSSD(OS、アプリ)2/3スロットをRAID1(重要なデータ)4スロットをバックアップまたは、RAIDのスタンバイ、残りは、データコピーなどの作業用に使用すると便利です。

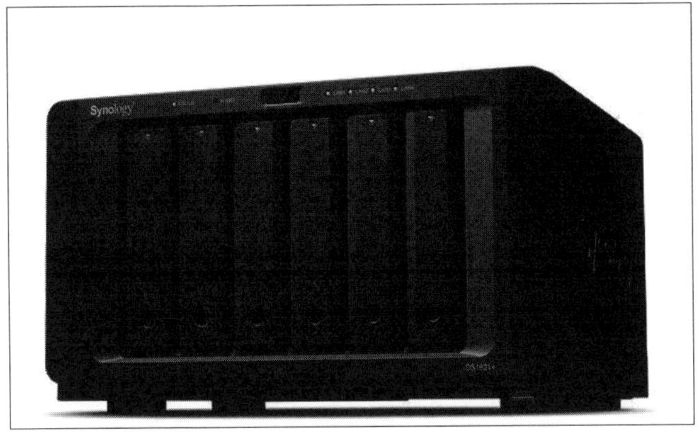

図3-22　Synology DiskStation DS1621+

「RAIDドライブ」には、必ず「CMR」(Conventional Magnetic Recording)のNAS用機種を選びましょう。

「SMR」(Shingled Magnetic Recording)や「非NAS用」を選ぶと、頻繁にRAIDのリビルドが発生したり、クラッシュが頻発することがあります。

Synology社の製品は、ハードウエアはしっかりしていて、GUI (Graphical User Interface)も初心者が分かりやすい、良い製品に仕上がっています。

しかし、GUIベースで設定できる部分が少なく、使い込むにはコンフィグファイルの書き換えが必要になります。

こうなると、軽便だったはずのNASではなくなり、普通にサーバを入れた方が良くなります。

電源やネットワーク回りに凝った設定をしたい場合には、使いにくいのが欠点です。

●Linuxやサーバ、業務用機材の運用に多少でも経験がある人

QNAP製品の4スロット以上でx64系CPUを採用した製品をお勧めします。

QNAP製品は高機能で、管理やファイル共有などサーバ以上に便利かつセキュアに利用できます。
(スマホとの情報共有などもアプリが提供されており簡単です。)

一時期、QNAP製品は品質が低い時があり、敬遠するユーザも多かったのですが、昨今の製品は、かなり良くなっています。

ハードウエアもSynology社製品には一歩劣るものの、かなりしっかりしてきています。
特に、Synology社が弱い、6スロット以下で高品質な製品を投入しているのが特徴です。
QNAP社製品を使用する際気をつけるべき事は、高機能ですが、一台にいろいろな仕事をさせないことです。

違う機能を使いたければ、買い増しをするべきです。
システム更新時のトラブルが多い傾向があるので、緊急のアップデートでなければ、すぐに更新せず、少し様子を見た方がいいでしょう。

一台にいろいろなことをさせると、PC同様、低速化に加え、クラッシュの原因になりがちです。

特に、動いているのに、外から見えない常態になると、非常に困ります。
高機能NASでも、できるだけシンプルに使用することがポイントです。

はじめて、QNAP製品を使用するなら「TS-451D2」がお勧めです。セレロンを採用し、メモリも8Gまで増設できます。

図3-23　QNAP TS-451D2

筆者も導入していますが、非常に高機能で、業務データの保管に利用しています。

当初は、さらにNASのバックアップ用に同社のUSB拡張ストレージ「TR-004」を購入しようと考えて今したが、「TS-451D2」は安価なので、もう一台導入するか、悩んでいるところです。

「TS-451D2」の欠点は、LANが「1Gbps」なところです。
2ポート有るので、ポート・アグリゲーションを使用すれば、2倍の速度にできますが、高価なハブが必要になります。

USBポートに同社のマルチギガネットワークアダプタが接続できるので、ポート・アグリゲーション対応ハブが無い場合は、「2.5Gbps」にして利用したほうが現実的かもしれません。

もしくは、上位の機種を選択しても良いと思いますが、最初のNASには敷居も高いと思うので、「TS-451D2」で体験した後、上位機種に進むのがお勧めだと思います。

■データのバックアップについて

データセンターなどでは、すでに「ペタ(P)バイト級」のデータ量を扱うようになってきています。

しかし、これらの情報を「HDD」で保管することは物理的に困難です。

まず、容量が足りません。

運用用のストレージ容量ですら不足しています。

バックアップ用途ではより多くの容量が必要なので、現実的ではありません。

加えて、「HDD」1台あたりの最大容量は、やっと20Tに手が届くか、というところです。

これで、「1P」クラスのストレージを組むと、ようやく最低50台。

「0.1P」なら、5台で組める見込みが立ってきました。

(実際は「RAID化」や「分散化」するので、その数倍必要です)

とは言え、尋常では無い台数なので、バックアップするというと、エンジニアからすると目眩がする台数が必要になります。

加えて、バックアップのデータ転送速度も問題になってきます。

このような問題もあり、データセンターでは、ずいぶん前からテープメディアが復権しています。

テープというと古いメディアと思い込んでいる人がいますが、現代の技術であれば、より高性能な製品が作れるのです。

(同じことがフィルムでも言え、最新のレンズ、最新のフィルムで撮影したフィルムの写真はデジタルを上回る画質を生み出します。)

HDDやSSDの大容量化が進むと、今後、コンシューマ向けでも、バックアップ目的でテープメディアが復権する可能性があります。

第4章

電子機器の最新技術

この章では、「量子コンピュータ」「スパコン」「顕微鏡」などの最新技術について、解説します。

4-1 量子コンピュータの現状

■「人工知能」の抱える問題

未来のコンピュータとして二十世紀末から期待されてきたのが、「人工知能」と「量子コンピュータ」です。

現在主流のデジタルコンピュータでは、曖昧(あいまい)な物事を扱ったり、自ら考えて行動する人工知能を作ることは難しいと言えます。

このため、二十世紀末には、「バイオコンピュータ」「ニューラルネットワーク」などの技術が盛んに研究されていました。

しかし、今の技術をもってしても、「バイオコンピュータ」や、生物のような「ニューラルネットワーク」を実現することはできていません。

これは、技術的な面だけでなく、賢くするために、ため込む情報を増やし続けると、データが溢れ、動作が遅くなり、最後には停止してしまうという、根本的な問題を解決できなかったからと言えます。

生物は「忘れる」「記憶をまとめる」といった処理で、情報が溢れることを防いでいますが、コンピュータではそれができなかったのです。

このため、「人工知能」の実現は不可能で、それらの関連技術も実現が難しい上にメリットが少ないとされ、21世紀に入ってすぐのうちは見向きもされない状況となっていました。

■情報を取りまく環境の変化

しかし、「ビッグデータ」の登場で少し状況が変わります。

「曖昧な情報の扱いや判断」や「記憶の管理」は「100%正確でなくても役に立つ」「溢れる情報をすべて保存する必要はなく、加工して一部を利用するだけでも意味がある」と言う考え方に変わっていったのです。

つまり、「強いAI」（人間のように考え、しかも正確な人工知能）である必要がなくなったのです。

*

その結果、「情報整理」「簡単な予測」「機械制御」といった、脊椎反射よりは優れる程度の「弱いAI」が多数開発され現在利用されています。

これと同様に、ハードウエア面でも動きが出てきます。

曖昧な処理を行なうのに敵したコンピュータデバイスとして「バイオコンピュータ」に加え、バイオ素材ではなく電子デバイスで実現する「量子コンピュータ」も研究されてきました。

「量子コンピュータ」も正確さや性能を求めると、技術的ハードルが高く、数桁の計算がやっとできるレベルでしたが、精度を落とすかわりに、実現性が見え、そして、原始的ながらようやく、量子コンピュータの活用が始まったのです。

■「古典コンピュータ」と「量子コンピュータ」の違い

本来、「量子コンピュータ」と「人工知能」は、歴史的背景や技術的な面も直接は関連なく登場してきました。

「量子コンピュータ」は1980年代に、リチャード・フィリップス・ファインマンなどによってその基礎理論が提唱されました。

従来のデジタルコンピュータのことを、「古典コンピュータ」などと言い、ご存じの通り、「ON/OFF」を「1」と「0」の二値に割り当てるデジタル信号で計算をします。

これでは、是か非などの極端な表現しかできないので、デジタル信号1つを「1

ビット」として、数ビットまとめて桁数を増やすことで、表現の幅を広げています。

たとえば8ビットなら、「0～255」までの10進数を表わせ、16ビットであれば、「0～65535」まで表わせます。
このような形で、疑似的にデジタルコンピュータは中間値を表わしています。

人間が通常生活を行なうレベルであれば、充分な分解能と言えるかもしれません。

しかし、データの量が増えたり、正確性を求めると、指数関数的に必要なビット数が増えてしまうことが古典コンピュータ最大の弱点といえます。

「ビット」は、トランジスタやメモリ1つ1つで構成しているため、データが増えれば低速化し、限界を超えれば停止します。

このため、「古典コンピュータ」では、「素因数分解」のような処理は苦手です。

たとえ、無限のメモリがあったとしても、処理速度が低下し続ける現象は避けることができません。

*

しかし、「量子コンピュータ」は、むやみに桁数を増やさずに処理ができるため、「古典コンピュータ」で数万年かかる計算を高速で計算できるとされています。

これは、「量子ビット」が、「1」と「0」を重ね合わせ状態、いわばアナログコンピュータのような形でデータを取り扱うことができるからです。

これにより、デジタルコンピュータのように、「ビット数」をむやみに増やす必要性が無くなります。

つまり、量子コンピュータは、「計算が速い」と言うより、「遅くなりにくい」という性質と考えると良いかもしれません。

これは、高性能な「人工知能」の開発などにも向いていると言う事になります。

■「量子コンピュータ」が登場する理由

しかし、「人工知能」に向いているから「量子コンピュータ」の研究が進んだ、と言うわけではないかもしれません。

どちらかというと、「弱いAI」が「古典コンピュータ」で動き、それなりに実績を上げてしまったと言うことが影響しているのではないかと言えます。

なぜかと言えば、「強いAI」が不要と思われてしまうと、当然、「量子コンピュータ」の社会的な存在意義も下がってしまいます。

つまり、研究開発費が止まってしまう可能性があると言うことです。

もちろん、「古典コンピュータ」の発展は頭打ちになっていますから、次世代コンピュータの開発は急務です。

そのため、忘れられないうちに「量子コンピュータ」を世に登場させ成果を残す必要があったとも言えるのです。

■揃いはじめた、研究開発の下地

「量子コンピュータ」をハード面から見ると「磁気」「光」「原子」の振る舞いなど、「直接、物理現象を活用するタイプ」と、「古典コンピュータのように、電子素子などを使うタイプ」に分けられます。

特に「ジョセフソン素子」などの超伝導素材を用いたタイプが先行していますが、技術発展などの状況により、トップランナーは度々(たびたび)入れ替わっています。

ハード面の分類から言うと、実際は「素子」の違いと言うことになるのですが、これに加えて、演算などの処理の違いが組み合わさってきます。

特に最近注目されているのは「ゲート型」と呼ばれるタイプで、製品として登場してきたことで驚きをもって迎えられました。

実際、量子コンピュータは夢のコンピュータと呼ばれていた次代もあったので、急激な発展をしているとも言えます。

「ゲート型」は、既存の古典コンピュータの構造に比較的近い量子コンピュータの一形式です。

乱暴に言うと「古典コンピュータの素子」を「量子素子」に置き換え、アナログコンピュータ風になったものです。

そのため、従来の研究者やエンジニアにも理解しやすい形式と言えるかもしれません。

しかし、その認識のままでは、高速で高性能な階差機関にすぎないため、曖昧なデータや増え続ける情報を扱うためには、利用者側の意識転換も必要になってきます。

今、製品化が進んでいる量子コンピュータは、まだ、実験装置的なもので本番運用に向けた物ではありません。

「量子回路、量子プログラム、量子アルゴリズムの開発」のための環境というのが実体です。

実際、演算速度は遅く、多くの場合、古典コンピュータよりも低速です。

今後高速になったとしても、量子コンピュータに適した計算内容やアルゴリズムでないと、性能を活かすことができないのです。

とはいえ、周辺環境なども開発が進み、研究開発の下地は揃ってきたと言えるでしょう。

■「量子コンピュータ」の現状

川崎にIBMの量子コンピュータ「Quantum System One」が設置されました。

近隣には慶應義塾大学の量子コンピュータ研究所があり、注目される地域となっています。

これは、東京大学が主体となって研究利用を進める装置であり、「ゲート型」としては、初めて製品として出荷された「量子コンピュータ」です。

図4-1 Quantum System One
(日本IBMプレスリリースより)

「Quantum System One」は20量子ビットの性能をもち、安定動作のためのノイズ、振動の低減、電力供給など大規模な周辺装置が完備され、長時間安定動作するシステムとなっています。

研究室レベルでの量子コンピュータは、安定動作させることが一番のネックだったため、製品としてパッケージングされていることは特筆できる点です。

また「Quantum System One」は、今後1000量子ビット以上の製品開発のための、第一歩ともされています。

そして、「Quantum System One」は世界各地に設置が進んでいますが、ドイツに本部を置く「フラウンホーファー研究機構」も導入を決めています。

同機構と契約することで「Quantum System One」をAWSの様に利用することが可能になります。
実機をもたない起業や研究機関などにとっては、大きな力となるでしょう。

この他に、オランダの「QuantWare」が製品として量子プロセッサを出荷するとしています。

量子素子開発は、大規模な装置や施設が必要なため、簡単に参入できる分野ではありませんでした。

素材として提供される量子素子は、「5量子ビット」なので、最先端とは言えませんが、プロセッサの形で提供されることは、機器開発にも大きな助けとなるでしょう。

また、成功すれば、より量子ビット数の多い製品を投入するとしています。

■「量子コンピュータ」は「古典コンピュータ」にとって代わるか

ついに姿を現した「量子コンピュータ」ですが、すぐに古典タイプのスーパーコンピュータと入れ替わることは無いでしょう。

なぜなら、「量子コンピュータ」の現在は、真空管素子が完成して、世界最初の実用コンピュータENIACの前段階の研究をしているのと同じ状況だからです。

また、速度面でもまだまだ遅く、本格的に利用できるようになるには、20年以上時間を要するでしょう。

加えて、「超伝導素子の冷却」「耐震」「対ノイズ」「電力の安定供給」など、付随装置が巨大になり、小型化も簡単ではありません。

しかし、軽便な装置であれば、比較的早く普及する可能性もあります。

実際、初期に登場した簡易的な量子コンピュータとされる「DWAVE」は、「量子ゲート」ではなく「量子焼きなまし法」という手法を使って実現しました。

実体としては精度を犠牲にして演算速度を高め実用化したものですが、ディープラーニングなどの用途では必要充分であり、成果を上げています。

このことから考えると、近い将来「量子焼きなまし法」を利用した「GPUタイプのプロセッサ」やGPU内で「簡易的なサブプロセッサ」として利用される日は意外に近いのでしょう。

量子コンピュータやプロセッサが増えると、AIの進歩だけではなく、ブロックチェーンのような既存技術を過去の物となる日が来るのかもしれません。

4-2 「スパコンランキング」の違い

■スパコンは仕様や用途でそれぞれ違う

スパコンと言うと、いまだに「一番でなければいけないのか？」が話題に上ります。

そもそも、スパコンは仕様や用途によって、特性はまったく違うため、性能を単純に比較することはできません。

日本がどの分野で活躍できるのか？

探っていきましょう。

＊

スパコンというと、日本の「京」や「富岳」が思い当たる人が多いかもしれません。

スパコンの性能は、以前は「どれだけの計算量をもつか？」が重要で、その分野であれば、中国がかなり先行しています。

GPUの大規模クラスタやグリッドコンピューティングなど、力業で演算力を稼ぐことが可能だからです。

しかし、汎用性や消費電力あたりの演算力といった、異なった見方をすると、力業では、解決できなくなり、日本や米国のシステムにも光がさしてきます。

■富士通のスパコン「富岳」

最近、富士通が開発するスパコン「富岳」が「TOP500」「HPCG」「HPL-AI」で三期連続でランキング一位を獲得したニュースが流れました。

NEWS

Fugaku Holds Top Spot, Exascale Remains Elusive

FRANKFURT, Germany; BERKELEY, Calif.; and KNOXVILLE, Tenn.— The 57 th edition of the TOP500 saw little change in the Top10. The only new entry in the Top10 is the Perlmutter system at NERSC at the DOE Lawrence Berkeley National Laboratory. The machine is based on the HPE Cray "Shasta" platform and a heterogeneous system with both GPU-accelerated and CPU-only nodes. Perlmutter achieved 64.6 Pflop/s, putting the supercomputer at No. 5 in the new list.

図4-2　「富岳」の一位獲得を伝える「TOP500」のリリース

「富岳」は、「SPARC64」ベースであった前世代のスパコン「京」で得られた知見をもとに開発された「ARM」ベースのスパコンです。

面白いのは、演算速度世界一を目指さず「京」など従来型製品を使い慣れたユーザーが利用しやすい環境を提供することに注力したスパコンだという事です。

ハードウエアの性能もさることながら、ユーザーのサポートや性能維持という観点に注力した結果、スパコンランキングでの上位を維持できているのだ、と言えます。

＊

世界中の企業・研究機関がしのぎを削る中、スパコンランキングで長期間上位にとどまることは簡単ではありません。

この点では、富士通は成功しているのだと思います。

また「京」にしても「富岳」にしても、簡易版の製品を販売しています。

これは、同じコードを安価に利用できるという事になるため、ユーザーからすると魅力的な事となります。

■「富岳」の欠点

ただ、富士通のシステムにも欠点があります。

これは、「CPU」が独自カスタマイズ品という事で、今後もコストのかかる独自開発を続けなければならないという事です。

特にARMの場合、元が組み込み用CPUという事もあり「SPARC64」など汎用CPUベースのものに比べると、性能向上の底がどうしても浅くなってしまいます。

つまり「富岳」の次となると、難しくなるという事です。他社製品では「富岳」の数倍の性能を目標にAMDの「EPYC」ベースのシステムが開発されています。

また、「RISC-V」の様な、新たな流れが参入してくる可能性もあります。

いずれは量子技術への転換が起こるとおもわれますが、少なくとも十数年は「ノイマン型」ベースのスパコンが主流であり、性能判定に使われるベンチマーク結果が重視されるものと思われます。

■さまざまなスパコンランキング

「TOP500」は、代表的なスパコンランキングの一つです。

図4-3　「TOP500」のロゴマーク

狭義の「TOP500」は、大規模連立一次方程式を解く「HPL」の計算結果をもとにしていますが、現在は「HPCG」「Graph500」「Green500」などの結果を加味した、総合的な結果が年二回発表されています。

「富岳」はここで1年半、1位にいるという事になります。

*

「HPCG」は「HPL」に似たベンチマークですが、最適化問題に適した共役勾配法を用いるものです。

PC的に簡単な解釈をすれば、「シーケンシャル」と「ランダム」の性能差のようなものを測る違い、と思うと分かりやすいかもしれません。

*

「Graph500」は、「グラフ構築」「幅優先探索」「単一始点最短経路」を組み立てるベンチマークです。

単純な計算性能ではなく、実運用に近い性能を測るのに適していますが、汎用しえの有無などスパコンの用途によって、ベンチマーク結果の意味が変わってくるともいえます。

*

「Green500」は、電力効率の良いスパコンを測るベンチマークです。

このベンチマークは、最新のスパコンが有利というわけでもないのが特徴です。
ただ、見ているのは、「電力効率」だけなので、「製造コスト」や「運用コスト」「時間当たりのコスト」などは見えてきません。

このため、総合的なコスパランキングとはなっていません。

図4-4　「Green500」のロゴマーク

＊

「HPL-AI」は、AI開発向けのベンチマークです。

他のベンチマークの多くは、高精度な倍精度演算器の能力を測るものですが、「ディープラーニング」などの場合は、必ずしも高精度である必要はなく、大まかでも、「高速」に計算できることが重要です。
「HPL-AI」は、そのような「精度」よりも「速度」の性能を測るベンチマークです。

■「ベンチマーク」だけではスパコンの性能は測れない

スパコン向けのベンチマークは知られるだけでもいくつかありますが、実際の性能や存在意義は、ベンチマークだけでは語れません。

実際、国策や特定用途以外のシステムは、汎用のベンチマークでは性能判定ができず、価値は語れません。

＊

また、性能は低くても、いちばん売れたスパコンが世界一と言えるかもしれません。

ほかにも、「演算効率の良いスパコン」「いちばん使いやすいスパコン」「いちばん社会的成果を上げたスパコン」が良い、といった見方もできます。

そのため、広義の解釈であれば、単体の「GPGPU」が世界でいちばん活躍しているスパコンと、言えるかもしれません。

しかし、「GPGPU」のグリッドコンピューティングは、スパコンの形をしておらず、このことを考えると、スパコンの定義という部分も考えないといけません。

■「ベンチマーク」の今後

今後、「量子コンピュータ」など、新たな形のシステムも増えてくると思います。

実際、「量子コンピュータ」も、従来型コンピュータで言う「ENIAC」の一歩手前まで来ています。

しかし、より、汎用性の高い量子コンピュータでは、単純なベンチマークは意味を成さなくなるでしょう。

コンピュータだけの話ではありませんが、今後の人類発展のかなめとして、評価基準の見直しが必要になってくるでしょう。

なぜなら「スター選手が、コーチや監督に向いているとは限らない」という事は、どの分野でも発生するからです。

スパコンは、新薬の開発など、私たちの目に見えにくいところで、大きな成果を上げています。

しかし、成果を上げているスパコンがベンチマーク上位のスパコンとは限りません。
このため、「スパコンのベンチマークで1位を取ること」そのものを目標にすることは、大きな間違いなのです。

あくまでも、利用目標をもち、その結果として、ベンチマーク性能が出てくる形が、正常なのです。

私たちも、正確な分析や評価ができるように、正しい見識をもつことが重要になってくるでしょう。

4-3 最新の顕微鏡は何を見るか？

■多種多様な顕微鏡

顕微鏡は観察対象となる試料の種類や求める解像度、欲しい情報などによってさまざまな方式に分けられます。

●光学顕微鏡

試料を透過、または反射した可視光をレンズで拡大して観察する顕微鏡です。

光の回折限界により分解能は「200nm」までとされています。

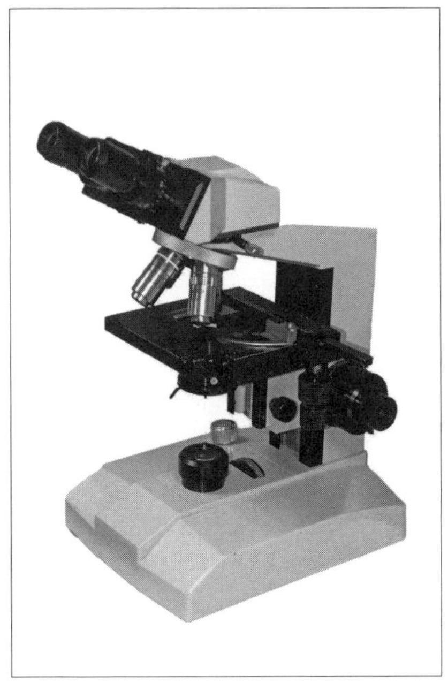

図4-5　一般的に顕微鏡と聞いて思い浮かべるのは、可視光を用いる光学顕微鏡。

●蛍光顕微鏡

試料を蛍光材料で染色し、レーザー光を当てて励起させた光を観察する光学顕微鏡の一種です。

試料自体が発光するので通常の光学顕微鏡よりもハッキリと観察できます。

2014年にノーベル化学賞を受賞した「超解像蛍光顕微鏡」は回折限界を超えた「10nm台」の分解能があります。

●電子顕微鏡

光ではなく電子を照射して観察する顕微鏡です。

試料を透過した電子を観察する「透過型電子顕微鏡」(TEM)と、試料に当てた電子の反射を観察する「走査型電子顕微鏡」(SEM)に分類されます。

分解能は「TEM」が「0.1nm」、「SEM」が「1nm」になります。

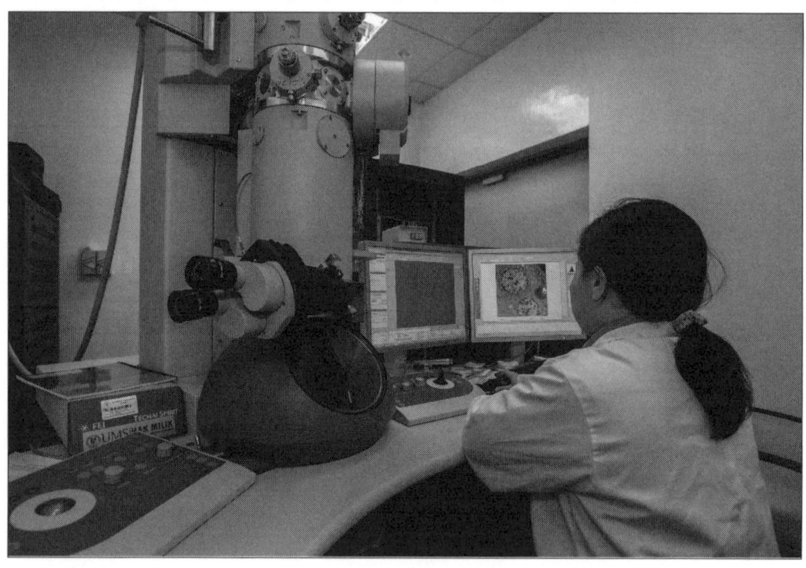

図4-6　　巨大な筒の中で電子を照射する「TEM」

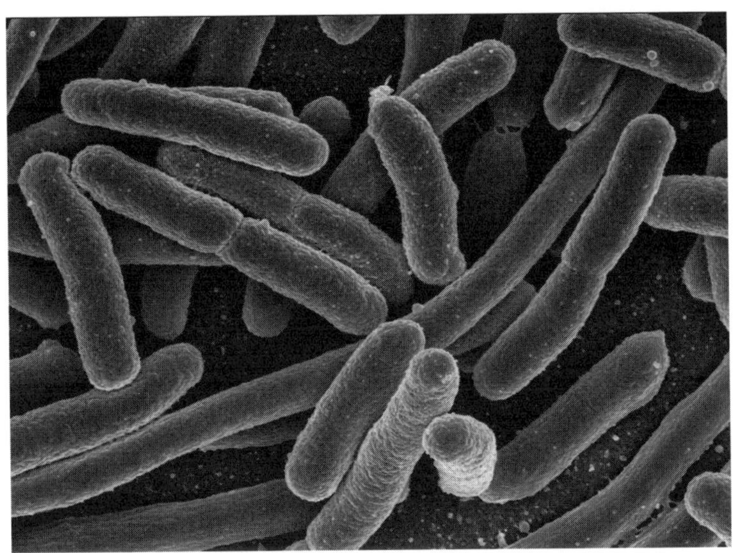

図4-7　「SEM」は細菌などをリアルな写真像として観察できる

●走査型プローブ顕微鏡

先の尖った探針で対象物の表面をスキャンする顕微鏡です。

針と物質間の様々な相互作用で表面を観察し、物質表面の分子構造などを調べることができます。

この他にもまだまだ多様な方式に細かく分類できますが、代表的なのは上記になるでしょうか。これらの顕微鏡がさまざまな分野で活躍しています。

次に、顕微鏡に関する具体的な研究成果をいくつか紹介しましょう。

■サブミクロンの分解能をもつ高速ホログラフィック蛍光顕微鏡

NICT、東北大学、桐蔭横浜大学の研究グループが、蛍光体の3次元情報をホログラムとして記録するサブミクロンの分解能をもつ高速ホログラフィック蛍光顕微鏡システムの開発に成功したと発表しました。(2021年1月29日)

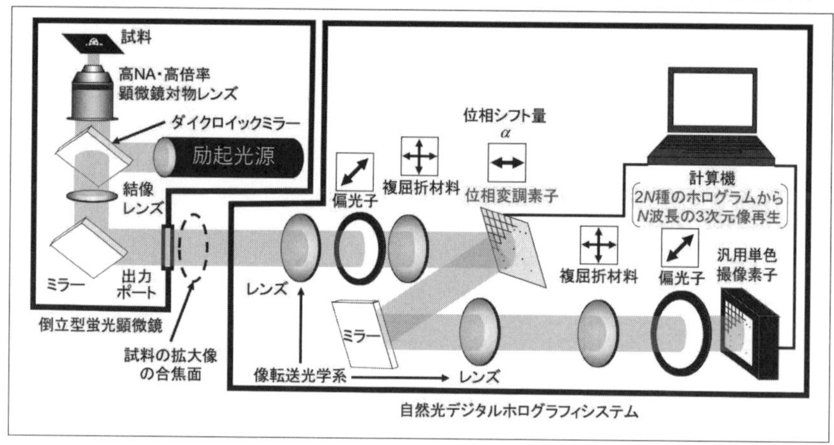

図4-8　高分解能・高速ホログラフィック蛍光顕微鏡システムの概略
(NICTプレスリリースより)

研究グループは、これまでに「デジタルホログラフィ」を用い、カラーホログラムを高速に記録する3次元顕微鏡を開発、「数10 μm」の多数の蛍光体を1回の露光、「1/1,000秒以下」の測定時間でカラーホログラムセンシングする技術を開発してきました。

従来は深さ方向の分解能が十分ではなかったところを改善し、深さ方向にもサブミクロンの分解能があることを実証したとしています。

今後は細胞内の物質など動きのある物体をホログラムの動画としてセンシングできる、3次元動画顕微鏡へ展開する予定としています。

■X線自由電子レーザー施設「SACLA」

高エネルギー加速器の中で加速した電子から出る光を利用して作り出された、波長のとても短い「X線」のレーザー光を「X線自由電子レーザー」(XFEL)といい、原子や分子の瞬間的な動きを観察することが可能とされています。

日本で「XFEL」を扱える施設に、理化学研究所(以下、理研)所有の「SACLA」(SPring-8 Angstrom Compact free electron Laser、サクラ)があります。

図4-9　兵庫県の大型放射光施設「SPring-8」に併設された「SACLA」
(理研プレスリリースより)

「SACLA」で大きく話題に挙がった研究の1つに生きた細胞のナノレベルでの観察が挙げられます(2014年)。

ナノレベルでの細胞観察は電子顕微鏡の担当分野ですが、電子顕微鏡は真空中で強力な電子線を試料に照射するため、生きた細胞を観察するのは不可能でした。

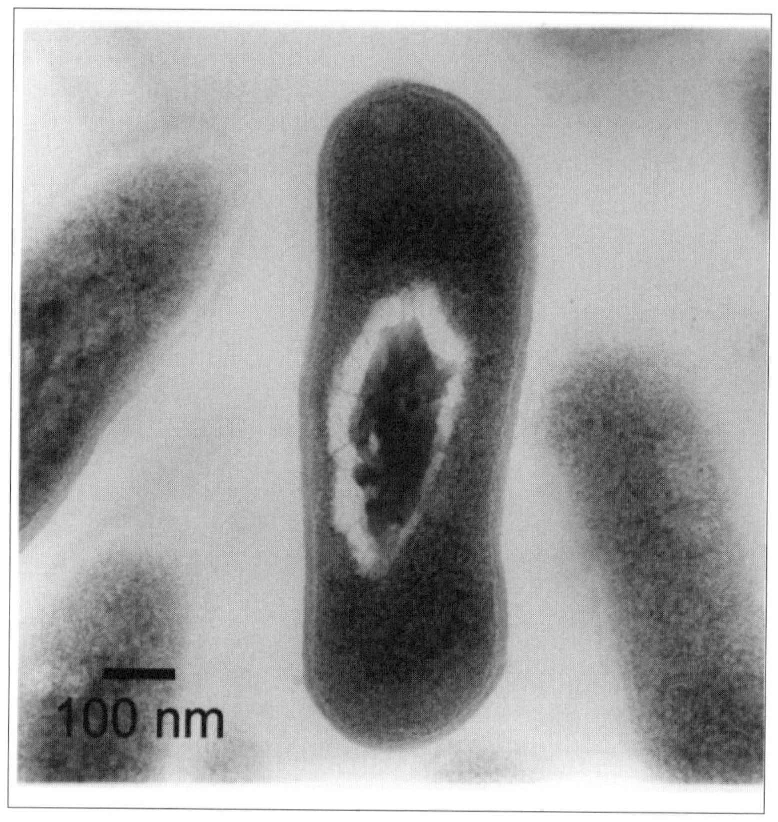

図4-10　TEM写真
よく見られる細胞の電子顕微鏡写真だが、細胞を樹脂で固めスライスし、
重金属塩で染色するという複雑な処理が必要。
（理研プレスリリースより）>

「SACLA」ではフェムト秒レーザーを用いて、試料が破壊されるよりも速く観察できる「パルス状コヒーレントX線溶液散乱法」を確立。これにより生きた細胞の観察が可能となったのです。

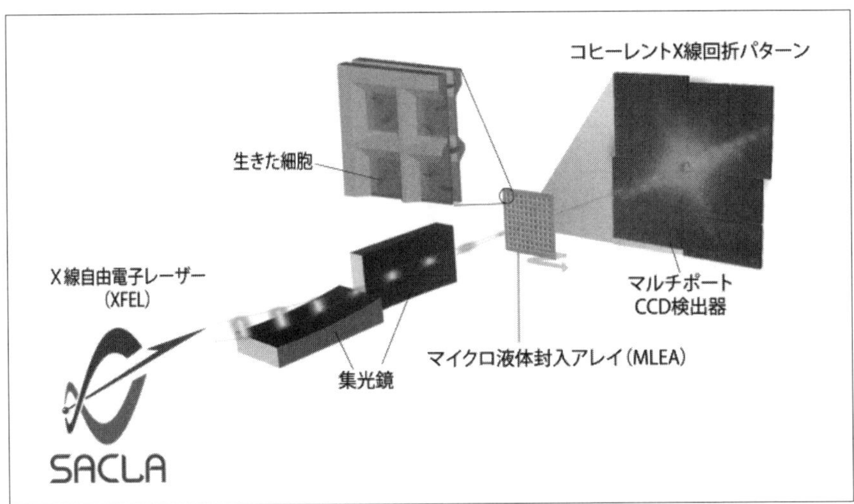

図4-11　パルス状コヒーレントX線溶液散乱法の模式図
（理研プレスリリースより）

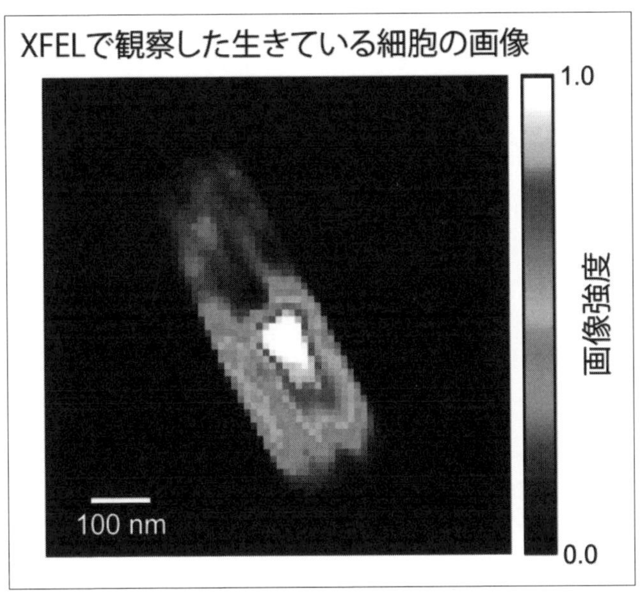

図4-12　計測したコヒーレントX線回折パターンから得られた細胞画像
（理研プレスリリースより）

2021年2月19日には、「SACLA」で得られた「シアノバクテリア」の解析画像から、普遍的内部構造の可視化に成功し、「X線自由電子レーザー・イメージング」の新しい解析方法を開拓したという発表も届いています。

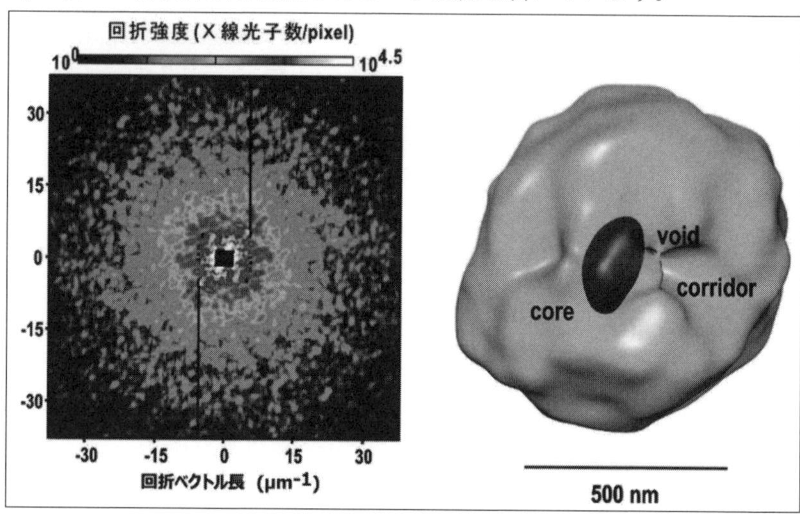

図4-13　シアノバクテリアからのX線回折パターン(左)と三次元再構成された電子密度図(右)
(理研プレスリリースより)

■走査電子誘電率顕微鏡

「走査電子誘電率顕微鏡」(SE-ADM)は、2014年より産総研が世界に先駆けて開発を進めている電子顕微鏡の一種です。

生物試料を含む水溶液を「窒化シリコン薄膜」と「タングステン金属膜」で封入し、電子線の影響をカットすることで生きたままの細胞を観察できるようにしたものです。

窒化シリコンとタングステンに電子線が当たった時に生じる電流が、水溶液を通過する際の微弱な変化から結像させる仕組みになっています。

分解能は「10nm」に達するとしています。

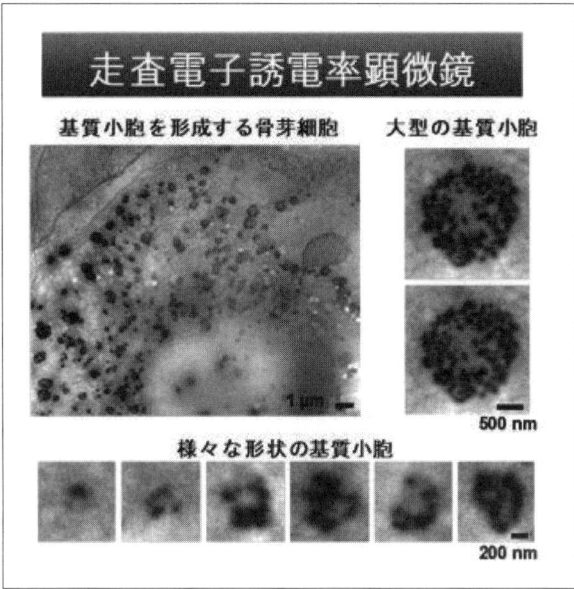

図4-14　「SE-ADM」で骨芽細胞を生きたまま撮影し、骨形成の初期過程を解明
（産総研プレスリリースより）

■ナノレベルの生態観察が活発に

最強の分解能を誇る電子顕微鏡が発明されてから90年近く経過し、さまざまな分野の発展に貢献してきました。

そしてここ10年ほどでは、従来不可能だったナノレベルの生態観察が活発になり、また新たな扉が開かれました。

医療分野をはじめ、さまざまな分野のさらなる発展につながるでしょう。

4-4 NFT(非代替性トークン)とは何か

■「NFT」とはなにか

「NFT」(non-fungible token:非代替性トークン)は、コンテンツ管理などにブロックチェーン技術を応用したものです。

特に変わっているのは、通常のブロックチェーン関連技術は、仮想通貨のように、主に取引や通信の信憑性を担保する仕組みに活用されており、送受信されるトークンそのものは、重要な意味をもちません。

「証券」や「手形」「お金」もそうですが、これらは「証明書」であって、そのものには機能や価値はありません。

重要なのは、その後に得られるサービスや価値な訳です。

しかし、「NFT」の考え方では、トークンそのものに価値を持たせるという、逆の考え方をしています。

つまり、NFTのトークンは、「代替えの効かないただ1つのトークン」であり、これを「非代替性トークン」と言います。

そして、価値の高い情報の取引として、トークンそのものを「アート作品」などにする考え方が生まれました。

図4-15　さまざまなNFT作品が市場で流通している
(上:イーロンマスク氏の妻のGrimes氏がNFT作品を出品した際のツイート、
下:NFTのオークションに出品されたニューヨークタイムズ紙の記事)

逆説的な話ですが、普通に言えば「高額なデジタルアート作品などの管理のためにブロックチェーン技術を応用した」と言うことなのですが、投機的な理由もあってか、「NFT」ありきの話になっています。

このため、正しい表現ではありませんが「NFT」は「デジタル資産」とも説明されています。

※「仮想通貨」がブロックチェーンのいち利用法であるのと同様に、「デジタル資産」も「NFT」のいち利用法に過ぎず、「NFT」以外の手法もあるため、誤用は避けるべきです。

■「電子証明書」と「NFT」の違い

従来の「ライセンス認証」や「コピーガード」は、コピーの防止など不正利用を防ぐことが主眼となっていました。

「NFT」が従来の手法と異なるのは、「コピーを防ぐ」と言うより、「正式な所有者であること」を示すことに重きを置いているということです。
つまり、「美術品の鑑定書」のようなもの、と言えます。

「従来の電子証明書」は、送受信時などに送信者の真贋や改ざんの検出などは行なえても、ファイルそのものに永続的な証明を担保することはできません。
（そもそも、送信段階で改ざんされていた場合、受信者から真贋を見極めることは不可能です）
また、従来の手法では、認証局やコンテンツホルダによるサービスが終了した場合、認証や利用はできなくなります。

「ブロックチェーン」の仕組みを応用することで、電子情報の改ざん防止や、利用を永続的に担保できるようになるかもしれない点が、「NFT」最大の特徴と言えるでしょう。

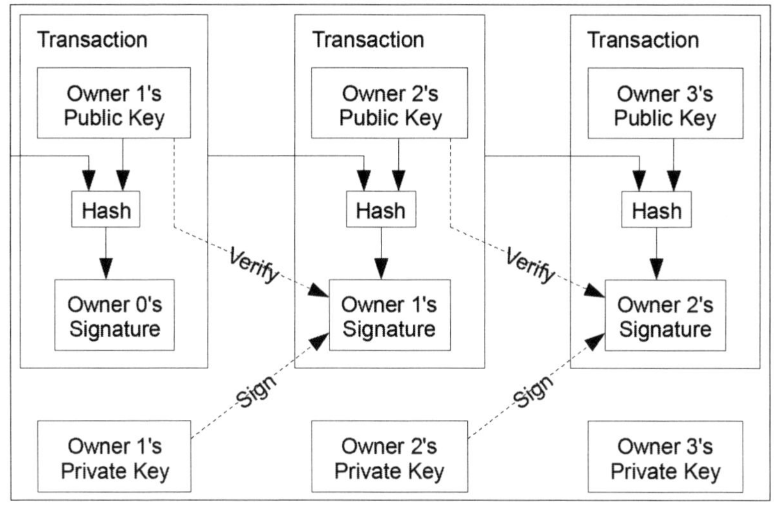

図4-16　「ブロックチェーン」の概念図
「ブロックチェーン」ではトークンの取引(Transaction)をするごとに異なるHashが生成されるので、取引履歴の改ざんが難しい。

■NFTの限界

とはいえ、世界共通でオープンな規格が普及していない現在は、仮想通貨同様、実際には取次や認証団体が必要になり、永続的に利用できる保証はありません。

実際に、「NFT」の利用には、「OpenSea」などの、取引所を経由しなければなりません。

図4-17　OpenSeaのトップページ
NFTを使ったデジタル商品を扱う市場では、現状で最大の規模

また、「NFT」は、コピーや改ざんは検出できますが、コピーガードのような能動的な物ではありません。

暗号化と再生環境を組み合わせる事で、制御は可能ですが、そこまでする価値のあるデジタル商品が流通するのか？と考えると疑問にも感じます。

「仮想通貨」と同様、1回の取引が一定の価値を超えなければ、コストが上回ってしまうため、利用できる用途が限られてしまいます。

「ゲーム配信」や「RMT」などで使える、と言う意見もありますが、インフラとして普及させるためには、通常の商取引で活用できる利便性が必要です。
たとえば、高額な遠隔教育講座のようなものの配信には使えるかもしれませんが、既存のコンテンツ管理手法に対する優位性が重要となってきます。

■「NFT」に付加価値はあるのか？

なぜ今、「NFT」に対して「高い付加価値がある」とか「所有者のステータスを高める」などと言われているのかと言えば、以上の問題を覆い隠して、「高額な取引」や「投資」を誘引するためと思われます。

その先の目的は、分かりませんが、「NFT」そのものを広めるための純粋な目的なのか？というと、違うようにも感じられます。

*

特に「NFT」の説明で言われているのが、「オリジナルを所有する喜び」です。
しかし、筆者自身は、デジタルデータの「オリジナル性」の意味はない、と考えています。

情報自体の「鮮度」と言う点では、付加価値はあると思いますが、デジタル情報は、所詮コピーで同一の物であるため、オリジナル所有者のステータスを高める」と言う点は、ファーストオーナーか？ということですから、むしろ情報の鮮度に近い話になってきます。

オリジナルと言うのは、現実世界に存在するからこそオリジナルであるわけですし、リトグラフなどの正式な複製品は、オリジナルとは異なる微細な差異があるからこそ、また意味があるとも言えます。

デジタル情報の劣化や変化は情報の鮮度ですから、この点にNFTを組み合わせれば面白い利用法に繋がるかもしれません。

■利用には知識と注意が必要

ただ、いずれにしてもNFTは、法未整備の世界であり、安全に利用できる状況はできあがっていません。

(逆に法未整備の分野での信用としては使えるかもしれませんが)

特に、税法上の問題は仮想通貨以上にやっかいと言えます。

壺商法とまでは言いませんが、仕組み的には、ネズミ講の温床にもなりかねないため、安易に賛じるのは危険でしょう。

知的財産の所有権や利用権、著作権の管理という意味では、面白い考え方ですが、まだ、実験段階のものと言って間違いありません。

今は富裕層の利用が主体ですが、これから、比較的安価な商品も増えてくるでしょう。

しかし、利用には充分な知識と注意が必須な世界と言えます。

4-5 海底ケーブル網の世界

■活発な大西洋の中長距離通信

「Google」が、大西洋に新規の海底ケーブル「グレース・ホッパー」を敷設すると発表しました。

「北米」と「ヨーロッパ」間の通信は、多数の企業や研究所が集まるだけに、太平洋以上に活発です。

アジア圏は言葉の壁もあって、トラフィックも短距離通信が多いと言えますが、英語が通じやすい大西洋エリアは、中長距離のトラフィックが多いエリアと言えるかもしれません。

民間では、通長距離の回線を敷設・維持することは簡単ではなく、通信会社や大手企業が協力して敷設・利用してきました。

そこに、「Google」が参入すると発表しました。

どの分野でも、異業種・異分野の参入が増えていますが、検索・情報サイト大手とは言え、海底ケーブルの敷設はまったくの異分野といっても過言ではありません。

※ちなみに「グレース・ホッパー」とは、「COBOL」を開発した著名な女性計算機科学者にちなんだ名称です。

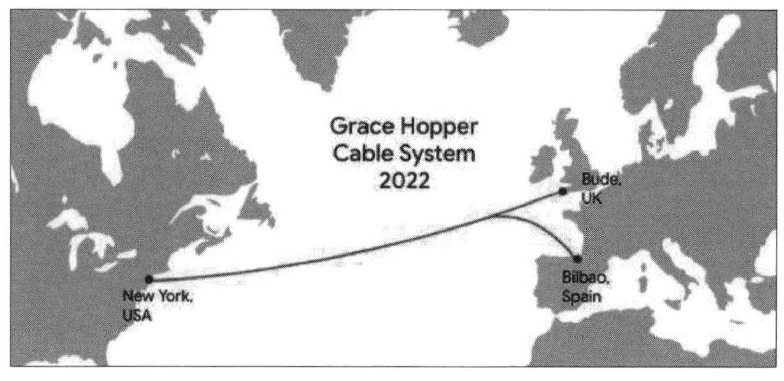

図4-18 「グレース・ホッパー」の敷設ルート
（Googleのアナウンスより）

■なぜ「海底ケーブル」なのか

そもそも、なぜ、今海底ケーブルなのでしょうか？
中には「有線の海底ケーブルは過去のアナクロな技術」「衛星無線こそ新技術で使うべきもの」と考えている人がいるかもしれません。

たしかに「衛星通信」は便利です。
「インテルサット」や「イリジウム」などの衛星携帯電話や、インターネット接続が出来たおかげで、地球上のほぼすべての地域でネット接続が可能になりました。

しかし、「無線通信」には大きなデメリットがあります。
その1つは、通信速度が遅いことです。

「え？」と思う人もいるかもしれませんが、衛星通信は、無線LANなどと同じで、チャンネル数分しか通信帯域がありません。

しかも、その衛星が担当するエリアでは、通信チャンネルをシェアして利用することになるので、更に通信速度が遅くなります。

都心部では、無線LANや携帯電話が多すぎて、通信がまともにできない状態ですが、同じ事が発生します。

今でこそ、指向性アンテナや信号分離技術の進歩で、ある程度は同じチャンネルのシェアも可能になってきていますが、これも、限界があります。

また、「太陽活動」などの影響で衛星が止まることもありますし、「セキュリティ」の面ではかなり劣ります。
実際、アメリカの情報機関は、衛星経由の情報をすべて入手していると言われています。

これらの点を鑑みると、海底ケーブルは、敷設すればするだけ帯域が増え、衛星よりも寿命が長く、セキュリティ面でも優れる、と良いところばかりなのです。

「有線LAN」のメリットとまったく同じと言えます。

加えて、衛星通信同様、自社でケーブルを保有するメリットも当然出てきます。

外部からは物理的セキュリティを保てますし、通信内容を分析活用する事もできます。

戦略的理由がなければ、私企業がケーブル布設するメリットは、当然出てきません。

これは、「Google」にとっても同様です。

従来、「Google」は、同社検索サイトを経由して、世界情勢を集めて事業化してきました。

そこで海底ケーブルを保有することで、さらに検索サイトを経由しない情報からも、分析活動を行なえる様になるわけです。

また、「YouTube」やクラウドサービスなど、回線負荷の大きい自社サービス向けの大西洋間トラフィックを割り当てることも可能になるので、通信シェアをもつことで自社サービスの性能向上という部分でも、力をもつことが可能になってきます。

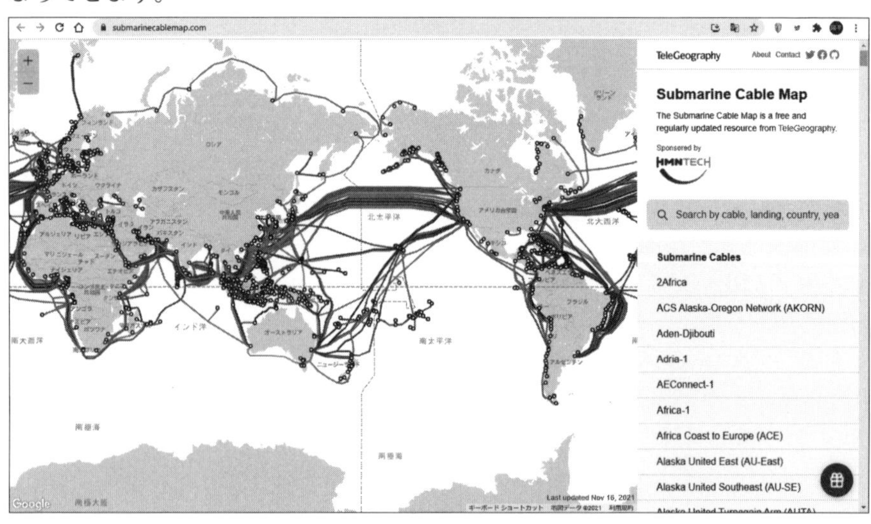

図4-19 「Submarine Cable Map」で世界中の海底ケーブルが検索できる
(https://www.submarinecablemap.com/)

■「Google」だけではない

当然、クラウドサービスを運用する他社も、回線敷設に乗り出しています。

この辺のメリットは、携帯電話キャリアと似ており、将来的には、DNSを利用したユーザの抱え込みのような事も発生してくるかもしれません。

「Google」は、すでに「北米」と「南米」「アフリカ」「ヨーロッパ」をつなぐ海底ケーブルを運用しており、「グレース・ホッパー」は4本目のケーブルになります。

また、他社のケーブルにも投資しています。

「Google」の強みは、他社と異なり、ネットワークやサーバーに関する高い自社の独自技術があり、資本力も破格に大きいところと言えます。

「Amazon」などの他社は、もともとはネットワークやインフラの企業でないところがおおいので、設備に関しては他社への発注や協業が不可欠です。

これは、メリットもありますが、コストの面では、大きなデメリットです。

この分野で「Google」に追従できるのは、日本、欧米の大手通信系企業や総合商社以外は難しく、自社サービスのために回線を独占できるカードをもつ「Google」の力は、これからより増大してくる可能性があります。

■海底ケーブルの歴史

海底ケーブルの実用としては、1850年にイギリスのドーバー海峡に敷設された「電信用メタリックケーブル」が最初とされています。

「電信」は、「モールス信号」で電報などを送る手段であり、電話が普及する以前の、主な通信手段でした。

海底ケーブルは、「塩」や「水圧」「船や魚類などの接触」「海底火山活動」などで、損傷を受けやすく、特にメタリックケーブルを使用していた時代は、腐食による断線が頻繁に発生しメンテナンスが欠かせませんでした。

このドーバー海峡のケーブルも、なんと翌日に断線し使用不能になったとされています。

しかし、海底ケーブルの有用性は非常に高く、1866年には、大西洋間で接続されています。

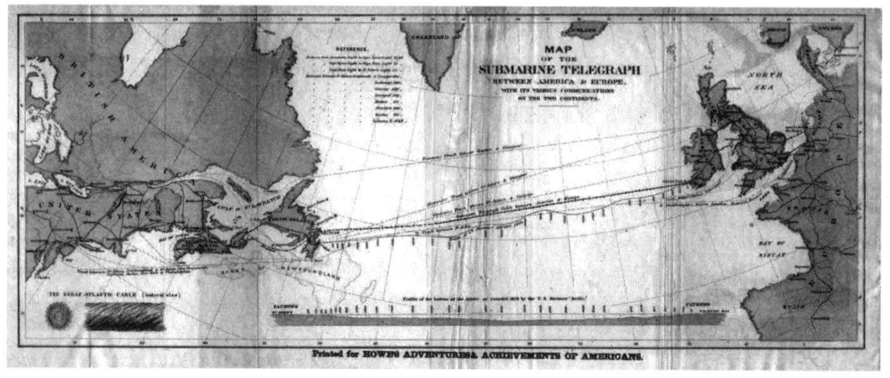

図4-20　大西洋間の海底ケーブル
5回の敷設工事を行ない、画像は2度目(1958年)のもの。
(https://atlantic-cable.com/より)

特に当時、世界各地に植民地を保有していたイギリスは、植民地間をつなぐ回線網の構築を渇望しており、1902年にオーストラリアとカナダ間の海底ケーブルを完成させ、地球を一周する電信ネットワークを完成させています。

また、時を開けずに、日本〜北米間の回線も敷設されています。

ただ、電信用は単純なモールス信号なので、要求技術レベルはそれほど高くありませんが、電話など多用途の通信に応用しようとすると、簡単ではなくなってきます。

＊

ケーブルは長大になると激しい「減衰」と「エコー」が発生します。

そのため、海底ケーブルは途中増幅アンプを入れる必要があります。

ここで、劣化した通信品質をそのまま何度も増強するため、太平洋を横断する頃には、エコーだらけで数秒遅延するような、ひどい通信状況でした。

このため、「光ファイバ」の海底ケーブルが普及する前世紀末までは、電話用でFAXやアナログモデムが極低速でやっと繋がる程度のもので、FAXの実用化も、長距離通信では長らくテレタイプが利用されていました。

90年代に入り、デジタル回線用海底ケーブルも増えてきましたが、数十メガ程度の帯域しかなく、アナログ映像の送受信などは、複数の衛星チャンネルを借り切って行なうなど、力業の対応が必要でした。

このため、90年代は、プロバイダを選ぶ際も、バックボーンにどの海底ケーブルをもつかで、使用感が大きく変わってくるような時代でもありました。

その後、「光ファイバ」での海底ケーブル敷設が始まってからは、「量子通信」などの応用もあり高速化がどんどん進みました。

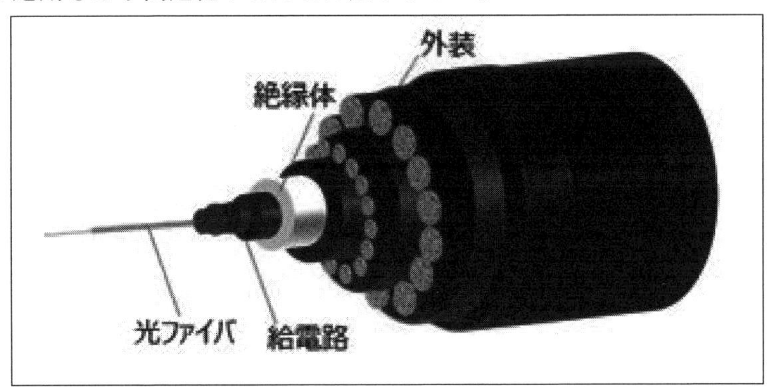

図4-21　光ファイバの構造例
(KDDIニュースリリースより)

以前の「IP電話」は、音質が悪く、遅延が激しいものでした。
しかし、現在は数千キロ離れていても、国内通信と大差ない音質と低遅延が実現されてきています。

こうなってくると、「リモートワーク」や「クラウド接続」のサーバーも遠隔地に置きたいと言う需要が出てきます。

「AWS」のようなサービスに対する需要増を見越していたところもありますが、コロナ需要により、企業間で帯域が奪い合いになっており、「広帯域」かつ「低遅延」の海底ケーブルの需要は、急増しているのです。

■従来品を超える「グレース・ホッパー」の性能

「グレース・ホッパー」では、光ファイバースイッチングという技術が、海底ケーブルで初めて活用されるとされています。

光ファイバースイッチングを用いると近距離ではペタクラスの通信が可能になり、条件が悪くても、10テラ以上の通信帯域が達成できるとされています。

既に、稼働している海底ケーブルの帯域は数十テラに到達しているため、「グレース・ホッパー」は、従来を大きく上回る速度を達成してくるでしょう。

2022年の開通を目指しているため、実際の性能はまだ分かりませんが、開通すると北米とヨーロッパ間の情報通信上での溝は大きく狭まることになるでしょう。

太平洋回線も強化の動きがありますが、遅れれば、日本には大きな痛手となる可能性も出てきます。

索引

数字・アルファベット

五十音順

《あ行》

《か行》

《さ行》

《た行》

■執筆者一覧

・清水　美樹（しみず・みき）
1章、2章（2-1～2-8）、3章（3-1～3-8）

・初野　文章（はつの・ふみあき）
2章（2-9）、3章（3-9）、4章（4-1、4-2、4-4、4-5）

・勝田　雄一郎
4章（4-3）

本書の内容に関するご質問は、
①返信用の切手を同封した手紙
②往復はがき
③ FAX (03)5269-6031
（返信先の FAX 番号を明記してください）
④ E-mail　editors@kohgakusha.co.jp
のいずれかで、工学社編集部あてにお願いします。
なお、電話によるお問い合わせはご遠慮ください。

サポートページは下記にあります。

［工学社サイト］
http://www.kohgakusha.co.jp/

I/O BOOKS

エレクトロニクスの基礎知識

2021年12月25日　初版発行　©2021

編　集　I/O 編集部
発行人　星　正明
発行所　株式会社工学社
〒160-0004 東京都新宿区四谷 4-28-20 2F
電話　(03)5269-2041(代)［営業］
(03)5269-6041(代)［編集］
振替口座　00150-6-22510

※定価はカバーに表示してあります。

印刷：(株)エーヴィスシステムズ

ISBN978-4-7775-2178-4